Saradhadevi Muthukrishnan

Índice fagocítico da fração flavonoide de Cynodon dactylon

Saradhadevi Muthukrishnan

Índice fagocítico da fração flavonoide de Cynodon dactylon

ScienciaScripts

Imprint

Cover image: www.ingimage.com

This book is a translation from the original published under ISBN 978-3-659-79018-8.

Publisher:
Sciencia Scripts
is a trademark of
Dodo Books Indian Ocean Ltd. and OmniScriptum S.R.L publishing group

120 High Road, East Finchley, London, N2 9ED, United Kingdom
Str. Armeneasca 28/1, office 1, Chisinau MD-2012, Republic of Moldova, Europe
Printed at: see last page
ISBN: 978-620-8-27393-4

RECONHECIMENTO

Reconheço sinceramente a oportunidade, o profundo sentimento de gratidão reverencial e os agradecimentos a **Thiru T.K. Shanmuganandam**, B.A., B.L., Chanceler, Avinashilingam University for Women, Coimbatore, pelo seu incentivo à realização do estudo. Agradeço sinceramente à **Dra. K. Kulandaivel,** M.A., M.A. (Estado de Ohio), Ph.D. (Madras), ex-chanceler da Avinashilingam University for Women, Coimbatore, pelo seu apoio à realização do estudo.

Devo a minha nobre dívida à **Dra. Tmt. Saroja Prabhakaran**, M.A., Dip.Ed. (Madras), Ph.D. (Madre Teresa), Vice-Chanceler, Avinashilingam University for Women, Coimbatore, por todas as comodidades proporcionadas para a realização do estudo. Tenho o prazer de expressar os meus sinceros agradecimentos ao **Dr. Tmt. Gowri Ramakrishnan**, M.Sc. (Madras), M.Phil., Ph.D (Avinashilingam) Registrar, Avinashilingam University for Women, Coimbatore, pela ajuda e apoio prestados durante todo o período de do meu estudo. A minha cordial e sincera gratidão e os meus sinceros agradecimentos ao **Dr. Tmt. R.Parvatham**, M.Sc., Dip.Ed., M.Phil., Ph.D., Reitora da Faculdade de Ciências, Professora e Diretora do Departamento de Bioquímica, Biotecnologia e Bioinformática da Avinashilingam University for Women, Coimbatore, pela sua orientação inspiradora, sugestões estimulantes, ajuda incansável e apoio constante durante a conclusão bem sucedida do estudo. A investigadora tem o maior prazer em expressar os seus agradecimentos sinceros e um profundo sentimento de gratidão à sua orientadora de investigação, a **Dra. Tmt. S. Annapoorani**, M.Sc., Dip.Ed., M.Phil., Ph.D., Professora de Bioquímica, Departamento de Bioquímica e Biotecnologia, Universidade Avinashilingam para Mulheres, Coimbatore, pela sua preceptoria, erudição, orientação e crítica construtiva durante todo o período do estudo.

Gostaria de expressar os meus sinceros agradecimentos ao meu querido marido, **Dr. R. Rajasekaran**, e ao meu amado filho**, Mestre R. Dev Anand,** aos membros da minha família e a todos os meus amigos pela sua ajuda inesgotável, amor infindável, encorajamento, cooperação e orações prestadas durante o trabalho.

Abreviaturas

ALT (SGPT)	-	Alanine Transaminase
AST (SGOT)	-	Aspartate Transaminase
CAT	-	Catalase
CCl_4	-	Carbon tetra chloride
CDNB	-	1-Chloro-2,4-dinitrobenzene
DMSO	-	Dimethyl sulphoxide
DNA	-	Deoxy ribonucleic acid
DNPH	-	Dinitrophenyl hydrazine
DPPH	-	Diphenyl-2-picryl hydrazyl radical
DTNB	-	5, 5'-dithio-2- nitrobenzoic acid
ED_{50}	-	Fifty percent effective dose
EDTA	-	Ethylene diamine tetra acetic acid
FFCd	-	Flavonoid Fractions of *Cynodon dactylon*
GC–MS	-	Gas Chromatography – Mass Spectrometry
GPx	-	Glutathione peroxidase
GR	-	Glutathione reductase
GSH	-	Reduced glutathione
GSSG	-	Glutathione Oxidised
H_2O_2	-	Hydrogen peroxide
LDH	-	Lacate dehydrogenase
LPO	-	Lipid peroxide
MDA	-	Malondialdehyde
$NADP^+$	-	Nicotinamide Adenine Dinucleotide Phosphate (oxidized)
$NADPH^+$	-	Nicotinamide Adenine Dinucleotide Phosphate (reduced)
NBT	-	Nitro blue tetrazolium
NO	-	Nitric oxide
PBS	-	Phosphate buffer saline
ROS	-	Reactive Oxygen Species
RP-HPLC	-	Reverse Phase High Performance Liquid Chromatography
SOD	-	Superoxide dismutase
TBARS	-	Thiobarbituric acid reactive substances
TCA	-	Trichloro acetic acid
λDNA	-	Lambdaphage Deoxy ribonucleic acid
µg	-	Microgram
µl	-	Microlitre

ÍNDICE DE CONTEÚDOS:

CAPÍTULO 1

1. INTRODUÇÃO

As plantas medicinais constituem a espinha dorsal do sistema de medicina tradicional na Índia. Estudos farmacológicos reconheceram o valor das plantas medicinais como fonte potencial de compostos bioactivos **(Prusti et al., 2008)**. Os fitoquímicos das plantas medicinais servem como compostos principais na descoberta e conceção de medicamentos. As plantas medicinais são uma fonte rica de novos fármacos que constituem os ingredientes dos sistemas tradicionais de medicina, medicamentos modernos, nutracêuticos, suplementos alimentares, medicamentos populares, produtos farmacêuticos intermédios, princípios bioactivos e compostos principais em medicamentos sintéticos. A OMS salientou que mais de 80% da população mundial depende das plantas para satisfazer as suas necessidades de cuidados de saúde primários **(Sofowora, 2006).**

A formação de radicais livres está associada ao metabolismo natural normal das células aeróbias. O consumo de oxigénio inerente ao crescimento celular leva à geração de uma série de radicais livres de oxigénio. A interação destas espécies com moléculas de natureza lipídica produz novos radicais: os hidroperóxidos e os diferentes peróxidos. Este grupo de radicais (superóxido, hidroxilo e peróxidos lipídicos) pode interagir com os sistemas biológicos de uma forma claramente citotóxica. A este respeito, foi demonstrado que os flavonóides e os fenóis possuem uma importante atividade antioxidante contra estes radicais, que se baseia principalmente nas propriedades redox dos seus grupos hidroxilo fenólicos e nas relações estruturais entre diferentes partes da sua estrutura química. Os radicais livres e a sua produção descontrolada são, de facto, responsáveis por vários processos patológicos, como certos tumores (cancros da próstata e do cólon) e doenças coronárias **(Baburao et al., 2007)**

Espera-se que os sequestradores de espécies reactivas de oxigénio (ROS) previnam estas doenças mediadas por radicais livres. A utilização de antioxidantes, tanto naturais como sintéticos, na prevenção e cura de várias doenças está a ganhar grande importância no campo da medicina. Os medicamentos ou formulações à base de antioxidantes são utilizados para o tratamento de doenças complexas como a aterosclerose, os acidentes vasculares cerebrais, a diabetes, a doença de Alzheimer e o cancro, a fim de evitar danos nos componentes celulares resultantes de reacções químicas que envolvem radicais livres. Atualmente, existe um interesse considerável nas actividades antioxidantes dos antioxidantes alimentares, das vitaminas E e C, dos carotenóides e dos polifenólicos vegetais **(Guyton et al., 2008)**.

A atividade antioxidante de um composto antioxidante tem sido atribuída a vários mecanismos, entre os quais a prevenção do início da cadeia, a ligação de catalisadores de iões de metais de transição, a decomposição de peróxidos, a prevenção da abstração contínua de hidrogénio, a capacidade redutora e a eliminação de radicais. Entre os vários compostos encontrados nas plantas, os antioxidantes são de particular importância porque podem servir como pistas para o desenvolvimento de novos medicamentos. Os flavonóides podem ajudar a fornecer proteção contra doenças, contribuindo, juntamente com vitaminas e enzimas antioxidantes, para o sistema de defesa antioxidante total do corpo humano **(Souri et al., 2005).** As enzimas antioxidantes como a superóxido dismutase, a catalase e os peróxidos de glutatião, bem como moléculas mais pequenas como a vitamina E, são as principais responsáveis pelo mecanismo de defesa primário contra os danos oxidativos. Vários estudos demonstraram que as plantas produzem antioxidantes potentes e representam uma fonte importante de antioxidantes naturais **(Khlifi et al., 2007)**.

Os flavonóides pertencem a um grupo de substâncias naturais com estruturas fenólicas variáveis e encontram-se em frutos, legumes, grãos, cascas, raízes, caules, flores, chá e vinho. Estes produtos naturais eram conhecidos pelos seus efeitos benéficos para a saúde muito antes de os flavonóides terem sido isolados como compostos eficazes. Os flavonóides são compostos polifenólicos omnipresentes na natureza e estão classificados, de acordo com a estrutura química, em flavonóis, flavonas, flavanonas, isoflavonas, catequinas, antocianidinas e chalconas. Foram identificadas mais de 8000 variedades de flavonóides. Até há 50 anos, as informações sobre os mecanismos de ação dos flavonóides eram escassas. Mas há séculos que se sabe que os compostos de origem vegetal possuem um amplo espetro de atividade biológica. Em 1930, Szent-Gyorgyi isolou uma nova substância das laranjas e classificou-a como vitamina P, mas mais tarde tornou-se claro que esta substância era de facto um flavonoide **(Hertog et al., 2007)**.

A propriedade mais bem descrita de quase todos os grupos de flavonóides é a sua capacidade de atuar como antioxidantes. As flavonas e as catequinas parecem ser os flavonóides mais potentes para proteger o organismo contra os ERO. A quercetina, o kaempferol, a morina, a miricetina e a rutina, ao actuarem como antioxidantes, apresentam efeitos benéficos como a atividade anti-inflamatória, antialérgica, antiviral e anticancerígena. A quercetina e a silibina, que actuam como eliminadores de radicais livres, demonstraram exercer um efeito protetor nos danos do tecido isquémico de reperfusão do fígado. A atividade de eliminação dos flavonóides foi descrita pela seguinte ordem: mircetina > quercetina > ramnetina > morina > diosmetina > naringenina > apigenina **(Farkas et al., 2007)**

"Nutracêutico" é um termo criado em 1979 por Stephen DeFelice. É definido "como um alimento ou partes de alimentos que proporcionam benefícios médicos ou para a saúde, incluindo a prevenção e o tratamento de doenças. Os principais ingredientes activos nutracêuticos das plantas são os flavonóides. Como é típico dos compostos fenólicos, estes podem atuar como potentes antioxidantes e quelantes de metais **(Tapas et al., 2008)**.

Os componentes mais importantes do sistema imunitário nas fases iniciais da defesa são as células fagocíticas que incluem neutrófilos, eosinófilos, macrófagos e monócitos que reconhecem substâncias estranhas e microrganismos invasores. Estas células englobam e destroem as substâncias estranhas com os seus mecanismos de morte intracelular através da resposta imunitária inata para impulsionar a resposta imunitária global e o bem-estar do hospedeiro **(Ranjith et al., 2008)**.

A fagocitose pelos macrófagos é importante contra os parasitas mais pequenos e a sua eficácia é acentuadamente reforçada pela opsonização dos parasitas com anticorpos e complemento de C3b, levando a uma eliminação mais rápida dos parasitas do sangue. O aumento da depuração de carbono é um indicador de uma maior atividade fagocítica in vivo e da competência do sistema granulopoiético na remoção de partículas estranhas, sendo assim um indicador de uma resposta imunológica melhorada contra partículas ou antigénios estranhos. O aumento da percentagem de adesão dos neutrófilos é atribuído à marginalização das células fagocíticas, ou seja, a uma melhor resposta defensiva em circunstâncias normais **(Mead et al., 2009)**.

Cynodon dactylon (Família: Gramineae) é uma planta medicinal importante que é utilizada para o tratamento de várias doenças no sistema de medicina ayurvédica, como alucinações, ataques epilépticos, lepra, sarna, doenças de pele e febre. O extrato fluido aquoso do rizoma é utilizado como anti-inflamatório, diurético, antiemético, hipoglicémico, antidiabético, antioxidante e agente purificador do sangue **(Surendra et al.,2008)**. **Singh et al., (2007)** descobriram que as partes aéreas de Cynodon dactylon contêm cinodina, ácido cianídrico, triticina e beta-caroteno. As folhas descoloridas afectadas por vírus de Cynodon dactylon são utilizadas para o tratamento de problemas hepáticos. Assim, são utilizadas na medicina tradicional de Ayurveda, Siddha e Unani para a alimentação de várias doenças.

A informação sobre a eliminação de radicais livres e o papel imunomodulador das folhas de Cynodon dactylon é ainda muito escassa na literatura. Por conseguinte, este estudo visou a "**Extração, isolamento, índice fagocítico e eficácia na eliminação de radicais livres da fração de flavonóides de *Cynodon dactylon*"** com os seguintes objectivos, utilizando estudos *in vitro* e *in vivo*.

Fase I

Estudos in vitro

- Extrair, isolar e preparar as fracções de flavonóides de *Cynodon dactylon* (FFCd).
- Identificar os flavonóides e os seus derivados das fracções acima referidas utilizando a análise por cromatografia gasosa - espetrometria de massa (GC-MS) e cromatografia líquida de alto desempenho de fase reversa (RP-HPLC) por comparação com padrões adequados.
- Determinar o efeito do FFCd na atividade de eliminação de radicais livres estáveis [radical difenil-2-picril hidrazil (DPPH)] e instáveis [óxido nítrico (NO) e peróxido de hidrogénio (H_2O_2)].
- Para descobrir a atividade anti-stress utilizando H_2O_2 desafiado X análise de fragmentação de ADN.

Fase II

Estudos in vivo

- Avaliar o papel fagocitário do FFCd em ratinhos Balb/C.
- Avaliar o potencial de eliminação de radicais livres do FFCd em ratinhos albinos suíços.

CAPÍTULO 2

2. REVISÃO DA LITERATURA

O processo de leitura da literatura relevante transmite algum tipo de confiança ao investigador e, consequentemente, o investigador obterá uma imagem clara da área ou do problema **(Agarwal, 1996).**

Uma revisão exaustiva da literatura é fundamental para qualquer esforço de investigação, uma vez que não só dá uma ideia do trabalho realizado no passado e ajuda a delinear a área problemática, como também ajuda a concetualizar os factores relacionados a ter em conta no estudo. Por conseguinte, tentou-se utilizar a literatura disponível pertinente para o estudo.

Na medida do possível, foram feitos esforços sinceros para recolher a literatura relevante para o estudo. Após uma análise exaustiva de todas as fontes possíveis, verificou-se que, em relação a certas dimensões do presente estudo, muito poucos ou nenhuns estudos tinham sido realizados anteriormente. Por esta razão, foi considerada a literatura mais próxima, que tinha uma relação significativa com este estudo, e, de acordo com os objectivos do estudo, a literatura é apresentada de forma adequada nas seguintes rubricas.

2.1 Análise fitoquímica

2.2 Flavonóides

2.3 Tipos de flavonóides

2.4 Silimarina - flavonoide padrão

2.5 Caracterização de flavonóides por GC-MS e análise RP-HPLC

2.6 Radicais livres

2.7 Removedores de radicais livres

2.8 O tetracloreto de carbono como indutor de radicais livres

2.9 Flavonóides em plantas medicinais

2.10 Os flavonóides como imunomoduladores

2.11 A planta em estudo - Cynodon dactylon

2.12 Análise fitoquímica

O rastreio fitoquímico (testes químicos) de *Ficus benghalensis* revelou a presença de esteróides e flavonóides nos extractos de benzeno e clorofórmio. Verificou-se que os extractos de acetona, acetato de etilo, metanol e etanol continham flavonóides, fenólicos, esteróides, glicosídeos, hidratos de carbono e proteínas **(Gabhe, et al. 2008)**. **Santosh et al., (2008)** descobriram que a investigação fitoquímica preliminar do extrato diferente de *Cynodon dactylon* mostrou que a presença de ácidos gordos e resinas no extrato de éter de petróleo, glicosídeos e hidratos de carbono no extrato de clorofórmio e hidratos de carbono, proteínas, flavonóides, glicosídeos no extrato de etanol e acetato de etilo.

Bhavar et al., (2009) exploraram os testes fitoquímicos preliminares e sugeriram que o extrato de éter de petróleo das folhas de *B. Racemosa* contém esteróis, hidratos de carbono, triterpenos e substâncias gordas; o extrato de clorofórmio contém esteróis; o extrato de acetato de etilo das folhas contém flavonóides, glicosídeos e o extrato metanólico das sementes contém taninos, glicosídeos e alcalóides. Pode concluir-se que os constituintes activos responsáveis pela atividade antioxidante estão presentes nos extractos de éter de petróleo e de acetato de etilo das folhas de *B. Racemosa.*

2.13 Flavonóides

Os flavonóides são mais conhecidos pela sua atividade antioxidante. Os flavonóides são também vulgarmente designados por bioflavonóides, uma vez que a maioria dos flavonóides é de origem biológica. Os flavonóides são "o grupo mais comum de compostos polifenólicos na dieta humana e encontram-se omnipresentes nas plantas, sendo extremamente importantes devido aos seus efeitos na saúde". Encontram-se nos alimentos como O-glicosídeos com açúcares ligados na posição C_3 .

Os flavonóides com um esqueleto difenilpropano (C6-C3-C6) são conhecidos pelas suas propriedades antimutagénicas, anticarcinogénicas, antioxidantes, inibem a oxidação do LDL, têm efeitos anti-inflamatórios e antialérgicos **(Douglas et al., 2007)**.

A catequina e a epicatequina reduzem o risco de acidentes vasculares cerebrais, de insuficiência cardíaca, de cancro e de diabetes e devem ser consideradas essenciais na alimentação, sendo por isso classificadas como vitaminas. A querceitina ($C_{15}H_{10}O_7$) é um flavonoide e, mais especificamente, um flavonol que é a forma aglicona de vários outros glicosídeos flavonóides, como a rutina e a querceitrina **(Kanellaki, 2005)**.

2.3 Tipos de flavonóides

Flavonas: Apigenina, Luteolina, Tangeritina, Crisina-6-hidroxiflavona, Baicaleína e Escutelareína

Isoflavonas: Biochanina A, Coumestrol, Daidzeína, Daidzina, Formononetina, Genisteína e Puerarina

Flavonóis: Fisetina, Isorhamnetina, Kaempferol, Miricetina, Paquipodol, Quercetina, Rhamnazina e Morina

Flavanonas: Eriodictiol, Hesperetina, Homoeriodictiol e Naringenina

3-Hidroxiflavanonas: Dihidrocaempferol e dihidroquercetina

Flavan-3-óis: Catequinas, epicatequinas e epigalocatequina

Antocianidinas: Aurantinidina, Cianidina, Delfinidina, Europinidina, Luteolinidina, Malvidina, Pelargonidina, Peonidina, Petunidina, Prodelfinidina e Rosinidina

Quercetin

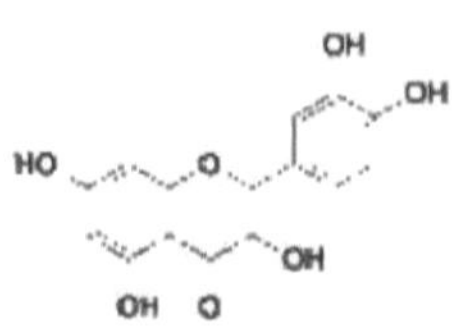

Epicatechin

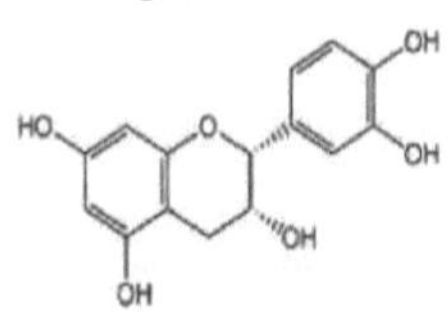

Flavone

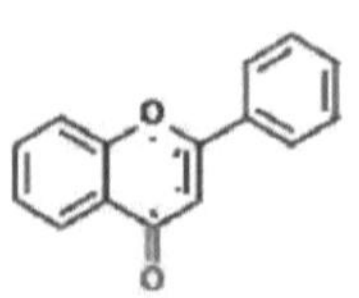

Flavonol

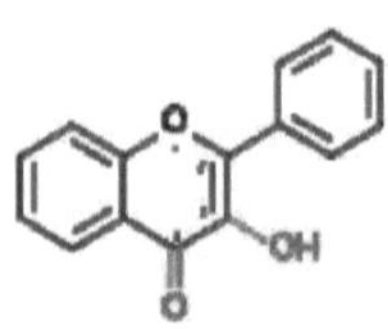

Flavanone **Flavanonol**

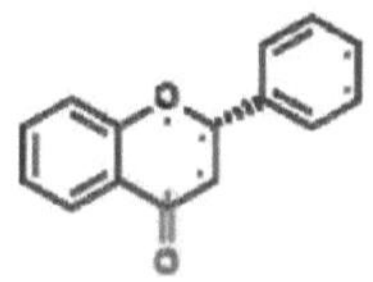

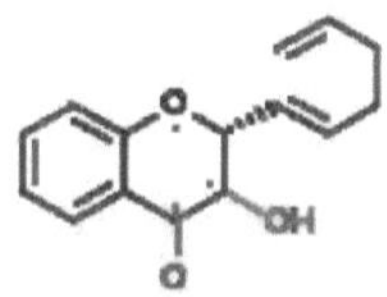

(Rice-Evans et al., 1996 e Vesssal et al., 2007)

2.4Silmarina - flavonoide padrão

A silimarina é uma mistura complexa de quatro isómeros de flavonolignanos, nomeadamente a silibina, a isossilibina, a silidianina e a silicristina, com uma fórmula empírica C25H22O10. **(Saller et al., 2006)**. Foi introduzida recentemente como agente hepatoprotector e antioxidante. Ensaios clínicos demonstraram que a silimarina exerce efeitos hepatoprotectores na hepatite viral aguda, envenenamento por Amanita phalloides, etanol, paracetamol e tetracloreto de carbono **(Fraschini et al., 2002)**. **Thakur, (2007)** afirmou que a silimarina, uma formulação única de um medicamento à base de plantas que é sobretudo utilizada em doenças hepáticas, representa cerca de 180 milhões de dólares americanos só na Alemanha.

2.16 Caracterização de flavonóides por GC-MS e análise RP-HPLC GC-MS

Sajjadi (2006) afirmou que as evidências de várias análises GC-MS de extractos de plantas orgânicas provaram que pode ser utilizado como um teste de conformação para a identificação de compostos individuais.

Maciejewicz et al., (2005) identificaram seis e nove flavonóides por GC-MS em cinco amostras de própolis e numa amostra de exsudado de botões de choupo (Populus nigra), todas recolhidas na Polónia. Ácido 4-feniláctico abundante, ácido benzoico, ácido 4-hidroxifenilacético, ácido 4-hidroxibenzóico, ácido 4-metoximandélico, ácido 4-hidroxifenilacético, ácido 2,3-di-hidroxibenzóico, ácido protocatecuico, ácido p-cumárico e ácido cafeico encontrados em A. greatheadii **(Lisa Botes et al., 2008)**. **Tokusoglu et al., (2009)** determinaram as quantidades de três flavonóides, quercetina, kaempferol e miricetina, em tomates (Solanum lycopersicum L.) e produtos à base de tomate produzidos na Turquia por RP-HPLC com deteção UV. A presença dos agliconas de flavonol foi confirmada por GC-MS.

RP -HPLC

RP - A HPLC tem sido utilizada em várias ocasiões para a análise de flavonóides e para o controlo de qualidade de fitoquímicos em plantas **(Crozier et al., 2002)**.

Rutina, Eupafolina e Hispidulina foram identificadas no extrato metanólico de *Eupatorium littoralet* **(Bras et al., 2007)**. Myricetin-3-O-α-L-rhamnopyranoside e quercetin-3-O-α-L-rhamnopyranoside foram identificados na análise cromatográfica HPLC da fração n-BuOH do extrato etanólico das partes aéreas de *D. elliptica* **(Daniel et al., 2007)**. **Pauline et al., (2007)** descobriram que os flavonóides extraídos das flores de calêndula foram investigados quanto ao seu potencial de tingimento. Foram isolados patulitrina, patuletina, quercetagetina 7- O-glucósido (tentativa), flavonóides menores desconhecidos e as suas estruturas foram estabelecidas utilizando análise HPLC. **Xin Zhou et al. (2007)** revelaram que o cromatograma de HPLC do extrato bruto de Trollius ledebouri Reichb com coluna de fase reversa corresponde a quercetina-3-O-neohesperidosídeo, orientina e vitexina. Na separação cromatográfica do extrato de acetato de etilo das partes aéreas de Prunus serotina Ehrh. foram identificados quatro flavonóides como o hiperósido, a vitexina, a orientina e a homoorientina **(Ilina et al., 2008)**. **Michal et al.,(2006)** exploraram a presença de flavonóides como o Kaempferol, a quercetina, a apigenina e a luteolina nos botões florais e nas folhas de F. verna utilizando o método HPLC **Tao et al., (2008)** separaram dois flavonóides bioactivos principais utilizando HPLC galangina e 3-O-metil galangina de Alpinia officinarum **Bisera et al,(2009)** analisaram o teor de flavonóides na Siderite espanhola utilizando HPLC e quantificaram os glicosídeos de isoscutelareína e hipolaetina, e luteolina, criseriol e apigenina como agliconas, juntamente com as flavonas menos polares sideritoflavona, xantomicrol, gardenina D, 8-metoxi cirsilineol e desmetilnobiletina.

2.17 Radicais livres

Os radicais livres estão associados a vários acontecimentos fisiológicos e patológicos, como a inflamação, o envelhecimento, a mutagenicidade e a carcinogenicidade. Definido de forma simples, o termo radicais livres refere-se a qualquer espécie química (capaz de existência independente) que possua um ou mais electrões não emparelhados, sendo um eletrão não emparelhado aquele que está sozinho numa orbital. As reacções radicalares são geralmente reacções em cadeia. A maior parte dos radicais livres são extremamente reactivos. Os radicais livres, especialmente o radical de oxigénio, o superóxido, quando formados podem levar à formação de outros radicais.

Os efeitos dos ERO no metabolismo celular estão bem documentados numa variedade de espécies. Estes incluem não só papéis na apoptose (morte celular programada), mas também efeitos positivos como a indução de genes de defesa do hospedeiro e a mobilização de sistemas de transporte de iões. Nos organismos aeróbicos, são gerados ERO capazes de danificar o ácido desoxirribonucleico (ADN), as proteínas, os hidratos de carbono e os lípidos. Estes ERO incluem o radical anião superóxido (O^-), o peróxido de hidrogénio (H2O2), o radical hidroxilo (OH.) e o oxigénio molecular simples **(Ogunlana et al., 2008)**.

Óxido nítrico (NO)

Moni et al., (2008) afirmaram que o NO é um importante mediador químico gerado por células endoteliais, macrófagos, neurónios e envolvido na regulação de vários processos fisiológicos. A produção excessiva de NO pode mediar efeitos tóxicos, por exemplo, fragmentação do ADN, danos celulares e morte de células neuronais. O NO não interage diretamente com as macromoléculas bioorgânicas, como o ADN ou as proteínas. Durante as infecções e inflamações, a formação de NO é elevada e pode provocar alguns efeitos deletérios indesejáveis, como disfunção renal, crescimento de tumores, etc. O peroxinitrito produzido durante a reação do NO com O^{2-} é provavelmente responsável por danos genéticos **(Roberfroid et al., 2008).**

DPPH

O DPPH é um radical livre estável de cor vermelha (absorvido a 517nm). O modelo de eliminação do radical DPPH estável é um método amplamente utilizado para avaliar a capacidade de eliminação de radicais livres de várias amostras. O DPPH é um radical livre estável centrado no azoto, cuja cor muda de violeta para amarelo após redução pelo processo de doação de hidrogénio ou de electrões. As substâncias que são capazes de realizar esta reação podem ser consideradas antioxidantes e, por conseguinte, eliminadoras de radicais. Representando o radical DPPH por Z* e a molécula doadora por AH, a reação primária é

$$Z^* + AH \longrightarrow ZH + A^*$$ **(Jing et al., 2007)**

Peróxido de hidrogénio (H2O2)

A capacidade do H2O2 para iniciar a peroxidação lipídica depende da sua capacidade de gerar radical hidroxilo através da reação de Fenton. A reação de Harber Weiss explica que tanto o H2O2 como o radical superóxido são necessários na presença de um catalisador metálico para a formação do radical hidroxilo, a espécie de oxigénio largamente responsável pelos danos das macromoléculas **(Amanda et al., 2007)**. **Aswatha et al., (2005)** identificaram que o H2O2 é o segundo intermediário produzido durante a redução gradual de um eletrão do oxigénio molecular. Também pode ser gerado diretamente durante uma redução de dois electrões do oxigénio molecular. De facto, pode atuar como agente oxidante e redutor. O H2O2 pode gerar radicais hidroxilo através de uma interação com iões de metais de transição ou de uma reação com um agente oxidante altamente reativo como o NO. O radical hidroxilo gerado é um agente oxidante altamente reativo; pode abstrair um átomo de hidrogénio de qualquer ligação hidrogénio-carbono e participar em quaisquer reacções de adição com sistemas aromáticos a uma velocidade de reação próxima da difusão.

Peróxido de lípidos (LPO)

Peróxidos produzidos na presença de um radical livre pela oxidação de ácidos gordos insaturados na célula na presença de oxigénio molecular. A formação de peróxidos lipídicos resulta na destruição do lípido original, levando à perda de integridade das membranas. Por conseguinte, causam uma variedade de efeitos tóxicos in vivo e a sua formação é considerada um processo patológico nos sistemas biológicos. A sua formação pode ser inibida por antioxidantes, como a vitamina E, a separação estrutural ou a baixa tensão de oxigénio **Sainani et al., (2004).**

2.18 Removedores de radicais livres

A querceitina, o flavonol mais abundante da dieta, é um potente antioxidante porque tem todas as caraterísticas estruturais adequadas para a atividade de eliminação dos radicais livres.

Antioxidante é uma molécula capaz de retardar ou impedir a oxidação de outras moléculas. Os antioxidantes terminam estas reacções em cadeia removendo os radicais livres intermediários e inibem outras reacções de oxidação ao serem eles próprios oxidados. Os antioxidantes alimentares reconhecidos são a vitamina C, a vitamina E, o selénio e os carotenóides. Os agentes antioxidantes de origem natural têm atraído um interesse especial porque podem proteger o corpo humano dos radicais livres. Foi referido que a SOD, a CAT e a GST constituem uma equipa de defesa contra as ROS que se apoia mutuamente **(Lucia Rackova et al., 2007).**

Antioxidantes enzimáticos

Catalase (CAT)

A CAT é um antioxidante enzimático amplamente distribuído em todos os tecidos animais e a atividade mais elevada encontra-se nos glóbulos vermelhos e no fígado. A CAT decompõe o H2O2 e protege o tecido dos radicais hidroxilo altamente reactivos. Por conseguinte, a redução da atividade desta enzima pode resultar numa série de efeitos deletérios devido à acumulação de radicais superóxidos e de peróxido de hidrogénio **(Szymonik et al., 2003)**. **Scott et al., (2006)** descobriram que a CAT, presente nos peroxissomas de quase todas as células aeróbias, serve para proteger a célula dos efeitos tóxicos do H2O2, catalisando a sua decomposição em oxigénio molecular e água sem a produção de radicais livres. **Boon et al., (2007)** identificaram que a CAT tem uma das taxas de renovação mais elevadas de todas as enzimas; uma molécula de CAT pode converter milhões de moléculas de H2O2 em água e oxigénio por segundo. A CAT é um tetrâmero de quatro cadeias polipeptídicas, cada uma com mais de 500 aminoácidos. Contém quatro grupos heme de porfirina (ferro) que permitem que a enzima reaja com o H2O2.

O mecanismo completo da catalase

$$H_2O_2 + Fe(III)\text{-}E \rightarrow H_2O + O{=}Fe(IV)\text{-}E(.+)$$

$$H_2O_2 + O{=}Fe(IV)\text{-}E(.+) \rightarrow H_2O + Fe(III)\text{-}E + O_2$$

Chelikani et al., (2005) afirmam que a CAT também pode oxidar diferentes toxinas, como o formaldeído, o ácido fórmico e os álcoois. Ao fazê-lo, utiliza H2O2 de acordo com a seguinte reação:

$$H_2O_2 + H_2R \rightarrow 2H_2O + R$$

Superóxido dismutase (SOD)

Arteel, (2006) identificou que a SOD, uma classe de enzimas estreitamente relacionadas, se encontra em quase todas as células vivas, nas mitocôndrias e nos fluidos intracelulares. As SOD protegem as células catalisando a decomposição do ião superóxido altamente ativo, O2"- em oxigénio e H2O2 e aumentam várias vezes a constante de velocidade desta importante reação de dismutação.

$$2O_2{\bullet}\text{-} + 2H^+ \longrightarrow H_2O_2 + O_2$$

Jyoti et al., (2008) descobriram que a SOD é uma enzima mais importante no sistema de defesa antioxidante enzimático. Elimina o anião superóxido para formar H2O2. A diminuição da atividade da SOD no fígado e nos rins dos ratinhos tratados com CCl4 pode dever-se ao aumento da peroxidação lipídica ou à inativação das enzimas antioxidantes. A SOD catalisa a remoção rápida do radical superóxido.

Glutatião S- transferase (GST)

A GST liga-se a compostos lipofílicos e actua como uma enzima para reacções de conjugação de GSH. A GST pertence à classe das enzimas antioxidantes dependentes do glutatião que apresentam uma elevada atividade com os peróxidos lipídicos. Estas enzimas são particularmente elevadas no fígado e estão também envolvidas na desintoxicação. Desempenham também um papel importante na desintoxicação de xenobióticos **(Sharma, 2006). Luna et al., (2008)** descobriram que o papel antioxidante da GST, a proteção contra a toxicidade oxidante e a regulação da apoptose mediada pelo stress estão bem documentados. As GST podem reduzir os hidroperóxidos lipídicos através da atividade da glutationa peroxidase independente do selénio e estas enzimas podem também desintoxicar o produto final da peroxidação lipídica, como o 4-hidroxil nonenal (4 HNE). O mecanismo de sinalização mediado pelo stress pode ser modulado pelas GST de classe alfa através da regulação das concentrações intracelulares de 4-HNE. As GST desintoxicam os epóxidos formados pelos fármacos em associação com a GSH e o citocromo P450.

$$\text{Bromobenzene} \xrightarrow[\text{NADPH},\ O_2]{\text{P450}} \text{Bromobenzene epoxides} \xrightarrow[\text{GST}]{\text{GSH}} \text{Bromophenyl - gluthathione}$$

Glutatião peroxidase (GPx)

O sistema GPx é constituído por vários componentes, incluindo a glutationa peroxidase (GPx), a glutationa redutase (GR), o glutatião (GSH) e o nicotinamida adenosina dinucleótido fosfato reduzido (NADPH). A GPx catalisa a redução de hidroperóxidos, incluindo peróxidos de hidrogénio, por glutatião reduzido e funciona para proteger a célula de danos oxidativos. **(Wu e Silva et.al., 2005).**

$$H_2O_2 + 2GSH \xrightarrow{GPx} GSSG + 2H_2O$$

$$GSSG + NADPH + H^+ \xrightarrow{GR} 2GSH + NADP^+$$

Antioxidantes não enzimáticos

Vitamina C

A vitamina C é considerada como a primeira linha de defesa antioxidante natural no plasma e um poderoso inibidor da LPO. É um antioxidante solúvel em água. Actua como um eliminador de radicais livres. Elimina os radicais peróxidos. A vitamina C protege os não fumadores contra os efeitos nocivos das ROS do tabagismo passivo **(Jacob, 2005). Lutsenco et.al., (2006)** afirmam que a vitamina C, o ascorbato, é também um antioxidante de quebra de cadeia e encontra-se tanto a nível intracelular como extracelular. Também recicla a vitamina E. Protege contra os danos no ADN induzidos pelo radical H2O2.

$$\mathbf{AH^- + Fe^{3+} / Cu^{2+} \longrightarrow A^{\cdot} + Fe^{2+} / Cu^{+}}$$

$$\mathbf{Fe^{3+} / Cu^{+} + O_2 \longrightarrow O_2 + Fe^{3+} / Cu^{2+}}$$

$$\mathbf{Fe^{3+} / Cu^{+} + H_2O_2 \longrightarrow OH + OH + Fe^{3+} / Cu^{2+}}$$

Vitamina A

A vitamina A, uma vitamina lipossolúvel, é armazenada no organismo e é necessária para uma visão clara com pouca luz. A vitamina A mantém a integridade do tecido epitelial e os retinóides, administrados por via tópica ou oral, foram capazes de induzir a remissão completa numa elevada proporção de doentes com carcinoma basocelular e carcinoma espinocelular avançado. A vitamina A (retinol) é um nutriente essencial para o funcionamento normal do sistema visual, a integridade e o crescimento das células epiteliais, a imunidade e a reprodução. O fígado continha as concentrações médias mais elevadas de vitamina A, seguido da epiderme e do soro. A vitamina A é um micronutriente essencial para o funcionamento normal do cérebro. **(Bayfield et.al., 1980)**.

Vitamina E

A vitamina E, ou alfa-tocoferol, é um dos principais antioxidantes. Reforça a capacidade do sistema imunitário para combater doenças infecciosas, aumentando os níveis de interferão e interleucina, os produtos bioquímicos que são produzidos pelo sistema imunitário para combater as infecções. A vitamina E protege o corpo da oxidação, um processo normal de envelhecimento através do qual o oxigénio decompõe os tecidos do corpo. Neutraliza os radicais livres, que são moléculas instáveis que ocorrem naturalmente e que podem danificar as moléculas saudáveis do corpo, ao retirarem electrões para se equilibrarem. Quando há vitamina E suficiente no corpo, os radicais livres instáveis obtêm os seus electrões das moléculas de vitamina E e deixam as moléculas saudáveis em paz, causando assim menos danos aos tecidos. A vitamina E também ajuda a prevenir os raios UV de uma forma que acelera, em vez de abrandar, o processo de oxidação **(Pryor, 2002).** A vitamina E é um dos poucos nutrientes para os quais a suplementação com níveis superiores aos recomendados demonstrou aumentar a resposta imunitária e a resistência às doenças. Muitos estudos sugeriram que uma ingestão elevada de vitamina E pode abrandar o desenvolvimento e a progressão da aterosclerose.

Alguns ensaios clínicos também relataram efeitos benéficos da suplementação com vitamina E na prevenção secundária de eventos cardiovasculares **(Meydani, 2004).** É uma vitamina lipossolúvel que se forma principalmente intercalada na membrana. Previne o ataque de espécies reactivas de oxigénio aos PUFA da membrana. É provavelmente o mais importante antioxidante lipossolúvel que protege as membranas, os lípidos e as lipoproteínas **(VanBakl et al., 2006)**. A vitamina E tem propriedades moleculares mais importantes, como a eliminação de espécies reactivas de oxigénio e azoto, com a consequente prevenção de danos oxidativos associados a muitas doenças, ou a modulação da transdução de sinais e da expressão genética de forma antioxidante e não antioxidante **(Zingg et al., 2007).**

Glutatião reduzido (GSH)

Guven et al. (2004) descobriram que o GSH é o tiol não proteico mais abundante. O par GSH / GSSG (glutatião oxidado) forma o principal sistema redox intracelular. As funções da GSH nos processos redutores são essenciais para a síntese e também para a degradação dos níveis de proteínas, formação de ADN, regulação das actividades enzimáticas e proteção das células contra as ROS e os radicais livres produzidos mesmo no metabolismo normal. **Halliwell et.al., (2004)** identificaram que a GSH é importante na regulação redox de factores de transcrição e enzimas para a transdução de sinais. A regulação da GSH mediada por polifenóis altera os processos celulares. A GSH é provavelmente o mais importante antioxidante presente nas células. A GSH é um cofator essencial para a glutationa transferase, que ajuda a remover as moléculas reactivas das células. Além disso, a GSH pode interagir diretamente com determinados radicais hidroxilo para os desintoxicar. **Mahakunakorn et.al., (2007)** afirmaram que a GSH funciona como um catalisador nas reacções de troca de dissulfureto. Durante o stress oxidativo, os grupos -SH são oxidados para formar ligações dissulfureto conhecidas como GSSG (**Sinha et.al., 2007**). **Majumder et.al., (2008)** descobriram que a glutationa é um dos mais abundantes tripeptídeos Lg-glutamil- L-cisteinil glicina, um antioxidante biológico não enzimático presente no fígado. As suas funções dizem respeito à remoção de espécies de radicais livres e à manutenção de proteínas de tiol e como substrato para a glutationa peroxidase e a GST.

2.19 Tetracloreto de carbono (CCl 4) como indutor de radicais livres

Sanmugopriya et al., (2006) experimentaram e exploraram que, à medida que a tensão de O2 aumenta, uma maior fração de .CCl3 presente no sistema reage muito rapidamente com O2 e muitas ordens de magnitude de radicais livres mais reactivos, CCl3OO. foram gerados a partir de .CCl3. Estes radicais livres iniciam a peroxidação dos ácidos gordos poli-insaturados (AGPI) da membrana e geram AGPI· e ligam-se covalentemente a lípidos e proteínas microssomais. Este fenómeno resulta na produção de ROS. Dependendo do tipo de célula e da membrana envolvida, a lipoperoxidação devida ao CCl 4 resulta em hemólise, o que aumenta o nível de bilirrubina sérica. O CCl4 provocou um aumento significativo das enzimas marcadoras glutamato oxalo acetato transaminase sérica (SGOT), glutamato piruvato transaminase sérica SGPT, ALP e bilirrubina total. **Man-Fung et al., (2007)** afirmaram **que** as alterações associadas à lesão hepática induzida pelo CCl4 são semelhantes às da hepatite viral aguda. **Nishant et al., (2009)** exploraram o facto de o tetracloreto de carbono ser uma das hepatotoxinas mais utilizadas. Está bem documentado que o CCl 4 é biotransformado sob a ação do citocromo P450 no compartimento microssomal do fígado em radical triclorometilo, que reage prontamente com o oxigénio molecular para formar o radical triclorometilperoxi, e que uma única exposição ao mesmo pode levar rapidamente a um aumento do nível de várias enzimas, necrose centrífuga grave e esteatose.

2.20 Flavonóides em plantas medicinais

Os flavonóides são compostos encontrados em frutas, legumes e certas bebidas que têm diversos efeitos bioquímicos e antioxidantes benéficos. A sua ingestão alimentar é bastante elevada em comparação com outros antioxidantes alimentares como as vitaminas C e E. A atividade antioxidante dos flavonóides depende da sua estrutura molecular e das caraterísticas estruturais de certos flavonóides.

Os flavonóides podem prevenir as lesões causadas pelos radicais livres de várias formas. Uma das formas é a eliminação direta dos radicais livres. Os flavonóides são oxidados pelos radicais, dando origem a um radical mais estável e menos reativo. Por outras palavras, os flavonóides estabilizam as espécies reactivas de oxigénio ao reagirem com o composto reativo do radical. Alguns flavonóides selecionados podem eliminar diretamente os superóxidos, enquanto outros flavonóides podem eliminar o radical altamente reativo derivado do oxigénio, denominado peroxinitrito. A epicatequina e a rutina são também potentes eliminadores de radicais. A capacidade de eliminação da rutina pode dever-se à sua atividade inibidora da enzima xantina oxidase.

Lucia Rackova et al., (2007) descobriram que a berberina, rica em flavonóides, apresentava uma forte atividade de eliminação do anião superóxido e do radical hidroxilo. Foi relatado que exerce um efeito protetor contra danos oxidativos induzidos por ONOO-, NO- e O2- in vitro e que aumenta a viabilidade celular.

Moni et al., (2008) analisaram que as plantas Hibiscus mutabilis, Leucas aspera, Ixora coccinea, Polyalthia longifolia têm a propriedade de contrariar o efeito da formação de NO devido à presença de taninos e flavonóides e, por sua vez, podem ser de interesse considerável na prevenção dos efeitos nocivos da produção excessiva de NO in vivo. **Ebrahimzadeh et al., (2009)** identificaram a atividade antioxidante múltipla de P. boissieriana, que era evidente, uma vez que apresentava actividades moderadas de eliminação de óxido nítrico e H2O2 e actividades fracas de quelação de ferro. Os fenóis e os compostos polifenólicos, como os flavonóides, são amplamente encontrados na fonte vegetal P. boissieriana e demonstraram possuir actividades antioxidantes significativas. **Kumaran et al., (2009)** afirmaram que a atividade de eliminação de NO dirigida ao fracionamento e à experiência de isolamento confirmou a presença de compostos de eliminação de radicais NO no extrato de acetato de etilo de P. emblica. **Mansor et al., (2009)** mostraram a inibição do DPPH devido à maior atividade antioxidante do conteúdo total de polifenóis e flavonóides presente nos extractos de folhas de F. deltoidea. **Nabavi et al., (2009)** referiram que as bagas de P. americana apresentam uma poderosa atividade antioxidante na atividade de eliminação de radicais DPPH, NO e H2O2. Esta atividade pode dever-se à presença de compostos polifenólicos. **Sutharson, (2009)** constatou que as propriedades de eliminação do radical DPPH, da peroxidação lipídica e do radical hidroxilo na gama de concentrações de 20-320pg/ml do extrato metanólico e dos compostos isolados 3a-acetato de friedelina (FA) e P-amirina de *Bischofia javanica* e *Fraxinus Floribunda* revelaram que as propriedades de eliminação dos radicais livres dos fármacos testados são significativas. Os métodos de ensaio mostraram a propriedade de eliminação potente em comparação com outros medicamentos de teste.

Sambath Kumar et al., (2005) descobriram um efeito hepatoprotector significativo ao diminuir a atividade das enzimas séricas (GOT, GPT, ALP e bilirrubina), LPO e aumentaram significativamente ($p < 0,05$) os níveis de SOD, CAT, GSH, Vitamina C, Vitamina E , Vitamina A e proteína de uma forma dependente da dose no extrato metanólico de *Careya arborea Roxb.* **Ajay Kumar Gupta et al, (2006)** descobriram que a atividade antioxidante do extrato metanólico do capitulo de *Chamomile recutita* exibia uma atividade antioxidante significativa ao mostrar níveis aumentados de Glutatião Peroxidase (GPX), Glutatião-S-transferase (GST), glutationa redutase (GRD), superóxido dismutase (SOD), catalase (CAT) e glutationa (GSH) e níveis reduzidos de LPO e mostrou a atividade antioxidante e a atividade hepatoprotectora contra a lesão hepática induzida por CCl4 em ratos. Tem um efeito sinérgico para estabilizar a membrana celular e a atividade antiperoxidase. **Anbu et al., (2008)** relataram a atividade de eliminação de radicais livres *in vitro* do componente flavonoide do extrato etanólico da raiz de *H. esculentus*, que foi bem comparável à silimarina. Isto poderia exercer uma ação benéfica contra danos no fígado induzidos por CCl4. **Balamurugan et al., (2008)** afirmaram que o extrato de etanol das raízes de *Trianthema decandra* Linn. restaurou significativamente os níveis de todas as enzimas séricas (aspartato aminotransferase, alanina aminotransferase, fosfatase alcalina, bilirrubina total e proteína total) e do homogenato hepático (glutationa peroxidase, glutationa redutase, superóxido dismutase e catalase). A histologia demonstrou uma profunda esteatose, degenerescência e formação de nódulos na arquitetura hepática de ratos tratados com tetracloreto de carbono, que adquiriram um estado quase normal em ratos administrados com extrato e tetracloreto de carbono, o que corroborou as observações bioquímicas. **Palanivel et al, (2008)** verificaram que o tratamento de ratos com diferentes doses de extrato etanólico de Pisonia aculeata (EPA) alterou significativamente ($P<0,001$) as enzimas marcadoras séricas aspartato amino transferase, alanina amino transferase, fosfatase alcalina, bilirrubina total, gama glutamato transpeptidase, peroxidase lipídica com uma redução das proteínas totais e um aumento da atividade da SOD, CAT, GPx e GST em relação aos ratos tratados com CCl4. As observações histopatológicas da lesão hepática induzida por CCl4 em ratos albinos e ratinhos revelaram o papel protetor do extrato metanólico de Feronia limonia. O ME demonstrou uma redução dependente da dose na peroxidação lipídica in vitro e in vivo **(Syed Mansoor et al., 2008)**. **Chandrashekhar et al., (2009)** descobriram que a capacidade do extrato metanólico de Stereospermum suaveolens para extinguir os radicais hidroxilo parece estar diretamente relacionada com a prevenção da propagação do processo de peroxidação lipídica e ser um bom eliminador de espécies activas de oxigénio, reduzindo assim a taxa de reação em cadeia, e também uma diminuição significativa da concentração do radical DPPH. **Mohammad Ali Esmaeili et al., (2009)** afirmaram que a presença de flavonóides e de compostos fenólicos no extrato metanólico de S. sahendica reduziu significativamente o nível de peroxidação lipídica e de enzimas marcadoras do fígado e restaurou os níveis de antioxidantes enzimáticos (SOD, CAT, GPx e GST) e não enzimáticos (vitamina E, vitamina C e GSH) no fígado e nos rins de ratos tratados.

Nand et al., (2007) fizeram experiências em células Sf9; foi demonstrado que a apoptose induzida por UV ocorre através da libertação de citocromo c das mitocôndrias e da ativação da caspase-1 Sf. H2O2 e UV induzem a fragmentação do ADN. O extrato de S. bryopteris pode possuir alguns anti-oxidantes activos que atenuam eficazmente a morte celular induzida por H2O2 e UV. **Lei Cai et al., (2008)** trataram as células PC12 com H2O2 durante 12 h, foi detectado um padrão de escada de ADN, mas o salidrosídeo isolado de Solanum nigrum foi capaz de reduzir o padrão de escada de uma forma dependente da dose.

Nos sistemas vivos, o fígado é um dos principais órgãos de desintoxicação do corpo dos vertebrados, que envolve actividades metabólicas intensas. É considerado um órgão altamente sensível aos agentes tóxicos. Certos produtos químicos tóxicos e medicamentos podem causar danos no fígado, o que foi reconhecido como um problema toxicológico. O estudo de diferentes actividades enzimáticas, tais como SGOT, SGPT, SALP, bilirrubina total e proteína total, tem sido considerado de grande valor na avaliação de lesões hepáticas clínicas e experimentais. Sabe-se que os medicamentos à base de plantas desempenham um papel importante no tratamento de várias doenças, incluindo a hepatopatia. Muitos médicos tradicionais afirmam que numerosas plantas medicinais e as suas formulações podem ser utilizadas eficazmente para aliviar diferentes tipos de doenças hepáticas. Mas a maioria das alegações são anedóticas e muito poucas receberam uma avaliação médica e científica adequada **(Vaishwanar et al., 2004)**.

Madani et al., (2008) também afirmaram que o tratamento com os extractos polifenólicos de Silybum marianum e Cichorium intybus reduziu o nível de atividade das enzimas (SGPT e SGOT) em comparação com o grupo da tioacetamida. Estes confirmaram que os extractos polifenólicos têm os seus efeitos protectores contra a lesão das células hepáticas induzida pela tioacetamida. **Tenpe et al., (2009)** descobriram que uma diminuição significativa na atividade de SGOT, SGPT, ALP, conteúdo de bilirrubina total e um aumento significativo no nível de proteína total em ratos tratados com CCl4 mostrou indução de hepatoprotecção. Esta atividade foi encontrada devido à presença de compostos fenólicos polares, flavonóides e taninos dos extractos de folhas de Oroxylum indicum vent. **Kalaivani et al., (2009)** analisaram os níveis de SGOT, SGPT e ALP na hepatotoxicidade induzida por tetracloreto de carbono em ratos contra extractos aquosos e etanólicos de A. marmelos e revelaram que os extractos etanólicos e aquosos foram moderadamente eficazes quando comparados com o tratamento com silimarina. **Thirupathi et al., (2009)** descobriram que a administração de extrato metanólico de folhas de Balanites roxburghii impediu marcadamente a elevação dos níveis séricos de GPT, GOT, ALP e TBR induzida por CCl4. Um estudo histopatológico comparativo do fígado mostrou uma arquitetura quase normal, em comparação com o tratado com CCl4.

Chaudhari et al.,(2009) descobriram que o estudo histopatológico comparativo do fígado de diferentes grupos de ratos corroborou a eficácia hepatoprotectora do extrato hidroalcoólico das folhas de Momordica charantia. Várias alterações patológicas como a esteatose, a necrose centrilobular e a vacuolização foram prevenidas de forma moderada nos grupos de teste. Assim, a atividade hepatoprotectora das folhas de Momordica charantia pode ser atribuída à presença de flavonóides e ácido ascórbico. **Saleh et al.,(2009)** descobriram que o aspeto histológico do fígado de ratos tratados com 500 mg kg -1 de extrato total de partes aéreas de Fumaria parviflora mostrou uma inflamação portal mínima e um aspeto mais ou menos normal.

2.21 Os flavonóides como imunomoduladores

As células fagocíticas, como os macrófagos e os neutrófilos, as barreiras, como a pele, e uma variedade de compostos antimicrobianos sintetizados pelo hospedeiro, desempenham todos papéis importantes na imunidade inata **(Fulzele et al., 2004)**.

Daswani et al., (2002) descobriram que a Septilina, uma preparação à base de plantas, aumentou a percentagem de neutrófilos, bem como o número absoluto de neutrófilos circulantes e a dose mais elevada aumentou a atividade fagocítica das células polimorfonucleares circulantes, bem como o sistema reticuloendotelial. A septilina e os componentes individuais do efeito da preparação poli-herbácea no sistema imunitário aumentaram a percentagem e o número absoluto de neutrófilos circulantes, estimularam a imunidade humoral e suprimiram a imunidade celular, mostrando assim uma atividade imunomoduladora. **Jayathirtha et al., (2004)** E. alba e C. asiatica aumentaram significativamente o índice fagocítico e os rácios F do índice fagocítico. A análise de regressão também mostrou linearidade nos padrões da relação dose-resposta, maior no caso do índice fagocítico. **Mayank et al., (2006)** afirmaram que o aumento da depuração de carbono é um indicador da atividade fagocítica in vivo melhorada e da competência do sistema granulopoiético na remoção de partículas estranhas, confirmando assim a atividade imunoestimulante da C. borivilianum e também apresenta provas da presença da substância para além das sapogeninas que induzem a estimulação da resposta imunitária em animais tratados. Por conseguinte, a planta é promissora para ser utilizada como agente imunoestimulante. **Tiwari et al., (2007)** investigaram as propriedades imunomoduladoras da fração insolúvel em etanol do extrato aquoso de Tridax procumbens Linn (TPEIF). Após a administração intraperitoneal de TPEIF em doses de 0,25 e 0,5 g/kg de peso corporal (PC), verificou-se um aumento significativo do índice fagocítico, da contagem de leucócitos e das células secretoras de anticorpos no baço. **Ghaisas et al., (2009) exploraram** que houve um aumento significativo na atividade fagocítica ($P < 0,01$) no extrato etanólico (EBV) da casca do caule de Bauhinia variegata 250mg/kg- e 500mg/kg- grupos tratados quando comparados com o controlo, indicando que o EBV possui uma atividade estimuladora de macrófagos. **Meenatchisundaram et al., (2009)** experimentaram que o extrato de Andrographis paniculata também estimulou uma resposta imunitária não específica em ratos, medida pelo índice de migração de macrófagos da fagocitose.

2.11A planta em estudo - Cynodon dactylon

Kingdom	:	Plantae
Division	:	Magnoliophyta
Class	:	Liliopsida
Order	:	Poales
Family	:	Poaceae
Genus	:	*Cynodon*
Species	:	*dactylon*

Cynodon dactylon (Bermuda Grass) é uma gramínea rasteira encontrada em climas quentes em todo o mundo entre 45^0 de altitude sul e norte. Cresce em zonas abertas onde há perturbações frequentes, como o pastoreio, as inundações e os incêndios. O sumo da planta é adstringente e é aplicado externamente em cortes e feridas recentes. Também é útil no tratamento de oftalmia catarral, hidropisia, histeria, epilepsia, insanidade, diarreia crónica e disenteria. A planta é um remédio popular para anasarca, cálculos, cancro, carbúnculos, tosse, hipertensão, picadas de cobra, pedras, gota e afecções reumáticas. Tem também propriedades antioxidantes. Verificou-se que o extrato etanólico de partes aéreas de C. dactylon (EECD) mostrou actividades depressoras do SNC acentuadas em comparação com outros extractos do mesmo em triagem farmacológica preliminar (**Chopra et al.,2000**). **Navangul et al., (2006)** experimentaram que os extractos alcoólicos de Cynodon dactylon eram significativamente eficientes na inibição do crescimento de espécies de Pseudomonas e E. coli quando comparados com o medicamento padrão Gentamicina. **Artizzu et al., (2007)** afirmaram que o óleo essencial de C. dactylon, obtido a partir de partes aéreas recolhidas na Sardenha, continha glucose, frutose, manitol, xilose, triticina, agropireno e ácidos palmítico, oleico e esteárico. O óleo essencial apresenta propriedades antimicrobianas; o agropireno apresenta atividade contra Candida albicans, Saccharomyces cerevisiae, Staphylococcus aureus e Bacillus subtilis. O óleo essencial apresenta atividade diurética em ratos e também a triticina apresenta uma atividade diurética significativa. **Najafi et al.,(2008)** descobriram que a C. dactylon produz efeitos protectores contra arritmias induzidas por I/R em corações isolados de ratos, provavelmente através do aumento da contratilidade do miocárdio e, consequentemente, da melhoria dos factores hemodinâmicos. **Patil et al.,(2008)** avaliaram o extrato alcoólico da erva das Bermudas para a identificação preliminar de fitoconstituintes, revelaram a presença de flavonóides e proteínas e analisaram as doses de 200, 400 e 600 mg/kg b.w. administradas por via oral para modelos de úlcera gástrica induzida por indometacina e ligadura do piloro em ratos albinos. Os extractos alcoólicos mostraram uma atividade antiulcerosa significativa, comparável à do medicamento padrão ranitidina, o que pode ser devido à presença de flavonóides. **Santosh et al., (2008)** revelaram que o extrato aquoso de Cynodon dactylon tem efeitos notáveis sobre o nível de glicose no sangue e uma melhoria acentuada da hiperlipidemia devida à diabetes. O seu efeito específico no HDL tem uma vantagem adicional no controlo dos riscos coronários. **Dilip, (2009)** afirmou que o extrato etanólico de partes aéreas de Cynodon dactylon mostrou uma propriedade anticonvulsiva significativa ao alterar o nível de catecolaminas e aminoácidos cerebrais em ratos. As catecolaminas contidas foram significativamente aumentadas nos ratos tratados com o extrato processado. A quantidade de GABA, que é mais provável estar envolvida na atividade convulsiva, aumentou significativamente.

CAPÍTULO 3

3. PROCEDIMENTO EXPERIMENTAL

Este capítulo apresenta, de forma resumida, os procedimentos experimentais e as metodologias para o ensaio de vários parâmetros envolvidos no estudo. Um grande número de plantas aromáticas, condimentares, medicinais e outras contêm compostos químicos que exibem propriedades antioxidantes. A informação científica sobre os constituintes químicos e as propriedades antioxidantes de várias plantas menos utilizadas na medicina é ainda bastante escassa.

Por conseguinte, a avaliação do constituinte químico e de tais propriedades continua a ser uma tarefa interessante e útil, particularmente para encontrar novas fontes de antioxidantes naturais, alimentos funcionais e neutracêuticos, incluindo polifenólicos como flavonóides, taninos e proantocianidinas **(Sudheerkumar et al., 2006)**.

As espécies reactivas de oxigénio (ROS) são os produtos intermédios resultantes da redução univalente do oxigénio molecular, incluindo o radical superóxido (O2*), o peróxido de hidrogénio (H2O2) e os radicais hidroxilo (*OH). Estes intermediários de oxigénio diferem significativamente nas suas interações e podem causar danos celulares extensos, como a cisão de cadeias de ácidos nucleicos, a modificação de polipéptidos e a peroxidação lipídica. Muitos destes radicais livres foram também implicados na patologia de várias doenças humanas, incluindo a aterosclerose, a doença isquémica do coração, o processo de envelhecimento, a inflamação, a diabetes, a imunodepressão, as doenças neurodegenerativas e outras **(Ganapaty et al., 2007)**.

O antioxidante previne o risco de várias doenças relacionadas com o envelhecimento, incluindo cancro, doenças cardiovasculares, diabetes, doenças neurodegenerativas e outras. Nos últimos anos, os fitoquímicos são cada vez mais apontados como exercendo potentes acções benéficas para a saúde e podem desempenhar um papel na redução da utilização de medicamentos sintéticos para o tratamento de complicações metabólicas. Para o efeito, a investigação tem-se centrado na identificação e isolamento de compostos de produtos naturais com elevada capacidade antioxidante (Pal **et al., 2006)**.

A Cynodon dactylon, vulgarmente conhecida como "Doob" na Índia, é uma erva daninha e tem sido considerada como possuindo várias propriedades medicinais. A planta possui atividade antimicrobiana e antiviral e também tem sido utilizada para tratar infecções do trato urinário, cálculos e prostatite. O extrato aquoso da planta é utilizado como agente anti-inflamatório, diurético, antiemético e purificador. Tem também uma aplicação significativa no tratamento da disenteria, hidropisia e sífilis secundária. A Cynodon dactylon tem sido utilizada como agente antidiabético no sistema tradicional de medicina na Índia **Kesari, et al., (2008)**.

O presente estudo, intitulado **"Extração, isolamento, índice fagocítico e eficácia na eliminação de radicais livres da fração de flavonóides de *Cynodon dactylon*"**, foi organizado em duas fases. Os estudos in vitro da fase I consistiram na extração, isolamento e preparação da FFCd; na caraterização dos constituintes fitoquímicos da FFCd por GC-MS e análise RP-HPLC; na eliminação de NO, DPPH e H2O2 para a avaliação da dose ED50 de FFCd a administrar a ratinhos Balb/c e albinos suíços em estudos in vivo e na avaliação da FFCd em ADN A desafiado por H2O2. A fase II envolve a avaliação *in vivo* do efeito imunomodulador e do potencial de eliminação de radicais livres do FFCd.

Fase I

3.1 Estudos *in vitro*

O pó seco *de Cynodon dactylon* foi extraído com éter de petróleo 40 -60^{00} C utilizando um aparelho de soxhlet e, para remover os resíduos não flavonóides, utilizou-se um extrato de acetato de etilo. **3.1.1 Extração, isolamento e preparação de FFCd**

3.1.1 Rastreio dos constituintes fitoquímicos do FFCd

3.1.1.1 Análise GC-MS do FFCd.

3.1.1.2 RP - Análise por HPLC do FFCd.

3.1.2 Avaliação da atividade de eliminação de radiações livres do FFCd

3.1.2.1 Inibição da produção de óxido nítrico.

3.1.2.2 Ensaio DPPH.

3.1.2.3 Atividade de eliminação de peróxido de hidrogénio.

3.1.3 Avaliação do efeito protetor do FFCd contra a fragmentação do ADN induzida pelo stress A.

Fase II

3.2 Estudos *in vivo*

3.2.1 Avaliação do índice fagocítico do FFCd em ratinhos Balb/c.

3.2.2 Avaliação do potencial de eliminação de radicais livres do FFCd em ratinhos albinos suíços.

3.2.2.1 Enzimas de marcadores hepáticos (SGOT e SGPT)

3.2.2.2 Atividade dos antioxidantes enzimáticos (CAT, SOD, GPx, GR e GST)

3.2.2.3 Níveis de antioxidantes não enzimáticos (Vitamina C, A, E e GSH)

3.2.2.4 Níveis de LPO

3.2.3 Análise histopatológica

3.2.4 Análise estatística

Fase I

3.3 Estudos in vitro

3.3.1 Extração, isolamento e preparação de FFCd

Para os estudos experimentais, foram utilizadas folhas frescas de Cynodon dactylon. Foram recolhidas na zona livre de contaminantes do campus da Universidade (Avinashilingam University for Women, Coimbatore). As folhas foram lavadas com água destilada e deixadas a secar com papel de filtro. As folhas secas foram cortadas em pequenos pedaços.

No rastreio preliminar, o extrato direto de acetato de etilo de Cynodon dactylon com magnésio em pó + conc.HCl. desenvolveu uma cor laranja a magenta, indicando a presença de flavonóides que apresentaram uma reação de cor caraterística no teste de shinoda. A cor deve-se à conversão redutora da flavona no pigmento de antocianina correspondente **(Krishnaswamy, 1999).**

Sabendo da presença de flavonóides no extrato de acetato de etilo, a extração foi realizada com 20 g de material vegetal em pó e 200 ml de éter de petróleo leve (b.p. 40^{0} - 60^{0} C) num aparelho Soxhlet durante 18 horas para remover a clorofila, os componentes não flavonóides e a desparafinagem lipídica **(Palanivel et** al., 2008). O material tratado foi seco e extraído com acetato de etilo utilizando um aparelho de Soxhlet (Ansari et al., 1976). Esta fração é referida como FFCd.

Placa 1.

Planta em estudo Cynodon dactylon **Folhas**

3.3.2 Rastreio dos constituintes fitoquímicos do FFCd

3.3.2.1 Análise GC-MS de FFCd

A análise cromatográfica dos extractos derivatizados foi efectuada com um instrumento GC-MS Hewlett Packard 6890 Series II equipado com um sistema de injeção em linha e um detetor seletivo de massa, modelo HP5973A. Foi utilizada uma coluna capilar de sílica fundida HP-J (30m x 0,25mm, espessura da coluna 0,25m (5 %)-bifenil-(95%) copolímero de dimetilsilioxano). O gás de arrastamento tinha um caudal constante de 1,21 ml/min. Os compostos foram separados pelo seguinte método: isotérmico a 100^0 C durante 5 min, 250^0 C a 15^0 C/min e, finalmente, isotérmico a 280^0 C durante $1x10^6$ 10 minutos. Os espectros de massa foram obtidos por ionização por impacto de electrões a 70eV. O volume de injeção foi de 1pl (razão de divisão 60:1). A identificação dos componentes foi efectuada através de pesquisas informáticas em bibliotecas comerciais **(Maciejewicz et al., 2005).**

3.1.2. 2Análise de FFCd por RP-HPLC

O procedimento RP-HPLC descrito pode ser útil para a análise qualitativa e quantitativa de flavonóides em materiais vegetais.

A RP-HPLC foi efectuada num cromatógrafo líquido HP1090 (Hewlett-Packard) com detetor de arranjo de díodos (DAD). Foi utilizada uma coluna Hypersil MOS (200 x 2,1 mm) com um tamanho de partícula de 5 µm e um caudal de 0,2 ml/min. A fase móvel foi metanol com água 50:50. O volume injetado foi de 10 µl de acetato de etilo a 1% e solução metanólica de extractos e padrões. Os espectros foram obtidos na gama de 190-800 nm no UV e no visível. Todas as injecções foram efectuadas em duplicado. A identificação dos compostos foi efectuada por comparação com os tempos de retenção e os espectros de massa de padrões puros **(Vesna et al., 2004).**

3.1.3 . Avaliação da atividade de limpeza radial livre do FFCd

3.1.3.1Inibição da produção de óxido nítrico.

As actividades antioxidantes no FFCd foram realizadas através da determinação da inibição da produção de óxido nítrico (**Green e Wagner, 1982**), conforme expresso no **Apêndice II.**

3.1.3. Ensaio 2DPPH.

A atividade antioxidante da FFCd foi realizada através do ensaio de 2,2-difenil-1-picrilhidrazil (DPPH) (**Mensor et al., 2001**), conforme expresso no **Anexo III**. A concentração da fração orgânica que apresenta 50% de atividade de eliminação de radicais foi designada como dose eficaz (ED50) e foi utilizada nos estudos de Fase II.

3.1.3. 3Actividade de eliminação do peróxido de hidrogénio .

As actividades antioxidantes no FFCd foram realizadas através do ensaio de eliminação de peróxido de hidrogénio (**Ruch et al., 1989**), conforme expresso no **Apêndice IV**.

3.1.4Avaliação do efeito protetor do FFCd contra a fragmentação do ADN X induzida pelo stress.

O efeito protetor do FFCd na prevenção da fragmentação do ADN foi avaliado utilizando o ADN λ em eletroforese em gel de Agrose, tal como descrito por **Maniatis e Fritsch, 1982** (**Apêndice V**).O ED_{50} de FFCd (10pil) e o ADN λ (0,5μg) foram incubados durante 10 min à temperatura ambiente. O stress foi induzido pela adição de H2O2 (0,04M).

Fase II

3.2 Estudos in vivo

Foram efectuados estudos in vivo em ratos Balb/c e ratos Swiss albino

Manutenção dos animais

Os ratos Balb/c e os ratos albinos suíços com 5-7 semanas de idade (20-25 g) foram adquiridos numa estação de criação de pequenos animais da Universidade Agrícola de Kerala, em Thrissur. Os ratinhos foram mantidos em condições laboratoriais normais (temperatura de 25±2°C) com um ciclo de luz/obscuridade (14/10h). Os animais foram mantidos em gaiolas limpas, com fundo de casca de árvore e alimentados com uma dieta padrão de pellets e água ad libitum. Os ratos foram aclimatados às condições laboratoriais durante 15 dias antes do início das experiências. Todos os procedimentos descritos foram analisados e aprovados pelo Comité de Ética para Animais da Universidade (Reg. n.º: 623/02/b/CPCSEA).

3.2.1Avaliação do índice fagocítico do FFCd em ratinhos Balb/c.

A fim de avaliar o potencial imunomodulador do FFCd, o índice fagocítico foi avaliado através do teste de eliminação de carbono.

Agrupamento de animais

Os ratos foram divididos em dois grupos de 6 ratos cada.

Grupo I: DMSO

Grupo II: FFCd

O grupo I serviu de controlo e recebeu 100μl de DMSO durante 5 dias por via intra-peritonial. O grupo II serviu de teste e foi administrado com a concentração ED50 de FFCd durante 5 dias. Após 48 horas da última dose de FFCd, os ratinhos foram injectados com 0,1 ml de tinta da China através da veia da cauda. As amostras de sangue foram retiradas (em solução de EDTA 5 µl) da veia retro-orbital a 0 e 15 minutos após a injeção. Foram misturados 25 µl de amostras de sangue com 2 ml de solução de carbonato de sódio a 0,1% e a absorvância desta solução foi determinada a 660 nm. O índice fagocítico K foi calculado utilizando a seguinte equação:

$$K = \frac{(\text{Log}_e\, OD_1 - \text{Log}_e\, OD_2)}{15}$$

Em que OD1 e OD2 são as densidades ópticas a 0 e 15 minutos, respetivamente **(Jayathirtha e Mishra, 2004).**

Placa 2.

Animais de laboratório

Swiss albino mice

Balb/ C mice

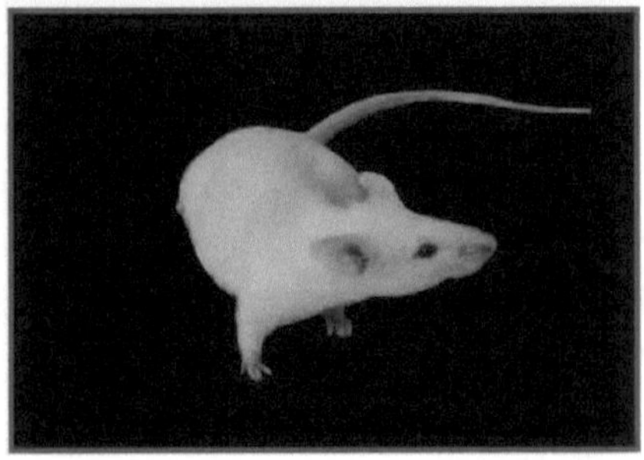

3.2.2Avaliação do potencial de eliminação de radicais livres do FFCd em ratinhos albinos suíços

O efeito de eliminação de radicais livres foi avaliado no fígado de ratinhos administrados com e sem FFCd. A silimarina foi utilizada como antioxidante padrão. O óleo de parafina e o DMSO serviram de veículo de controlo para a silimarina e o FFCd, respetivamente.

Os ratinhos foram divididos em cinco grupos de seis.

Grupo I: Óleo de parafina

Grupo II: DMSO

Grupo III: CCl_4

Grupo IV: Silimarina + CCl_4

Grupo V: FFCd + CCl_4

Os ratos do grupo I foram injectados intraperitonialmente com 100 pl de óleo de parafina e os ratos do grupo II foram injectados intraperitonialmente com 100 µl de DMSO. Os ratos do grupo III receberam uma injeção intraperitonial de 100 µl de CCl_4 **(Balamiiriigan e Muthusamy, 2008)**. Os ratos do grupo IV receberam uma injeção intraperitonial de 100 pl de óleo de parafina contendo 500 µg de silimarina e 100 µl de CCl_4. Os ratos do Grupo V foram injectados intraperitonialmente com 100µl de DMSO contendo a concentração de ED_{50} de FFCd com 100µl de CCl_4. Esta administração intraperitoneal das amostras acima mencionadas foi efectuada durante 21 dias. No final do período experimental, os ratos foram mantidos em jejum durante a noite e depois sacrificados. O fígado foi rapidamente excisado e mergulhado em solução salina estéril e gelada para remoção do sangue. O órgão lavado foi seco em papel de filtro esterilizado e imediatamente armazenado num congelador a 80°C negativos. Os parâmetros seguintes foram analisados sem intervalo de tempo para evitar variações.

3.3.2.2 Enzimas de marcadores hepáticos (SGOT e SGPT)

As enzimas determinadas na FFCd foram a SGOT e a SGPT, utilizando o método do kit de **Murray (1984)**, como indicado nos **apêndices VI e VII**.

3.3.2.3 Atividade dos antioxidantes enzimáticos (CAT, SOD, GPx, GR e GST)

As actividades dos antioxidantes enzimáticos como CAT, SOD, GPx, GR e GST foram analisadas com as amostras de fígado excisadas.

CAT (EC.1.11.1.6) A atividade da CAT foi avaliada pelo método de **Luck (1974)**, como indicado no **apêndice VIII**.

SOD (EC.1.15.1.1) A atividade da SOD foi estimada pelo método de **Misra e Fridovich (1972)**, como indicado no **apêndice IX**.

GPx (EC.1.11.1.9) A atividade da GPx no fígado foi avaliada pelo método de **Rotruck et al. (1973)**, tal como expresso no **apêndice X.**

GR (EC.1.6.4.2) A atividade da GR no fígado foi avaliada pelo método de **David e Richard (1983)**, tal como expresso no **apêndice XI.**

GST (EC.2.5.1.13) A atividade da GST foi estimada pelo método de **Habig et al. (1974)**, como indicado no **apêndice XII.**

3.3.2.4 Níveis de antioxidantes não enzimáticos (Vitamina C, A, E e GSH)

Os níveis de antioxidantes não enzimáticos, como a vitamina A, C, E e GSH, foram avaliados a partir de amostras de fígado de ratinhos experimentais.

A vitamina C foi estimada **(apêndice XIII)** pelo método de **Roe e Keuther, (1953).**

A vitamina A foi estimada pelo método de **Bayfield e Cole (1980)**, como indicado no **apêndice XIV**

O teor de **vitamina E** foi determinado pelo método de **Rosenberg, (1992)**, conforme expresso no **apêndice XV**.

GSH A atividade do glutatião reduzido foi determinada pelo método de **Moron et al., (1979)** no **apêndice XVI**.

3.3.2.5 Níveis de LPO

Os níveis de LPO no fígado foram determinados pelo método de **Nichans & Samuelson, (1968)** como indicado no **Apêndice XVII**.

3.3.3 Análise histopatológica

Foi efectuado um estudo histopatológico das amostras de fígado de todos os ratinhos experimentais para observar o efeito modulador do FFCd nos hepatócitos, segundo o método de **Culling (1979)**, conforme indicado no **apêndice XVIII**

3.3.4 Análise estatística

A avaliação estatística dos dados imunomoduladores foi feita utilizando o teste t de Student e a da atividade de eliminação de radiações livres do FFCd foi feita utilizando a análise de variância (ANOVA) de uma via, utilizando Fisher LSD com o nível de significância de $P<0,001$ no pacote estatístico sigma stat 3.1.

CAPÍTULO 4

4. RESULTADOS E DISCUSSÃO

Os produtos botânicos têm sido utilizados para o tratamento ou prevenção de várias doenças humanas ao longo da história. Cerca de três quartos da população mundial depende de plantas e extractos de plantas para os cuidados de saúde.

A conceção racional de novos medicamentos a partir da medicina tradicional oferece novas perspectivas nos cuidados de saúde modernos. O Ayurveda, o sistema medicinal tradicional da Índia, descreve certas plantas que reforçam o sistema imunitário do hospedeiro **(Liu et al., 2008)**. Os medicamentos à base de plantas atraíram recentemente muita atenção como medicamentos alternativos úteis para tratar ou prevenir doenças relacionadas com o estilo de vida. Tem havido um interesse crescente na análise de produtos vegetais, o que estimulou uma investigação intensa sobre os seus potenciais benefícios para a saúde **(Marja et al., 2009)**.

É interessante notar que o organismo possui mecanismos de defesa contra o stress oxidativo induzido pelos radicais livres, que envolvem mecanismos preventivos, mecanismos de reparação, defesas físicas e defesas antioxidantes. As defesas antioxidantes enzimáticas incluem a superóxido dismutase (SOD), a glutationa peroxidase (GPx) e a catalase (CAT). Os antioxidantes não enzimáticos são o ácido ascórbico (vitamina C), o alfa-tocoferol (vitamina E), o glutatião (GSH), os carotenóides e os flavonóides. Todos eles actuam através de um ou mais mecanismos, como a atividade redutora, a eliminação de radicais livres, a potencial complexação de metais pró-oxidantes e a supressão de radicais singlet Os antioxidantes naturais provêm principalmente das plantas sob a forma de compostos fenólicos (flavonóides, ácidos e álcoois fenólicos, estilbenos, tocoferóis, tocotrienóis), ácido ascórbico e carotenóides. A procura de antioxidantes naturais para fins dietéticos, cosméticos e farmacêuticos tornou-se um grande desafio de investigação industrial e científica nas últimas duas décadas. Os esforços para obter um conhecimento alargado sobre o poder dos antioxidantes das plantas e para explorar o seu potencial estão, portanto, a aumentar **(Kahkonen et al., 2008)**.

O fígado, o órgão-chave do metabolismo e da excreção, tem uma tarefa imensa de desintoxicação de xenobióticos, poluentes ambientais e agentes quimioterapêuticos. Este órgão está sujeito a uma variedade de doenças e perturbações. Várias centenas de plantas foram examinadas para utilização numa grande variedade de doenças hepáticas.

Os antioxidantes desempenham um papel importante na inibição e eliminação dos radicais livres, proporcionando assim proteção contra infecções e doenças degenerativas. O sistema imunitário desempenha um papel vital na defesa contra as infecções. A sua integridade e eficiência são importantes durante a intervenção quimioterapêutica para o tratamento de muitas doenças **(Ishizuka et al., 2006)**. A modulação da resposta imunitária para aliviar a doença tem sido do interesse de muitos investigadores. Na medicina tradicional, acredita-se que diferentes partes de plantas têm propriedades medicinais específicas, incluindo a capacidade de estimular os mecanismos de combate a doenças do organismo. Nos últimos anos, os produtos naturais do reino vegetal têm sido investigados quanto ao seu potencial de modulação imunitária contra infecções e doenças neoplásicas **(Craig, 2008)**.

Os resultados e a discussão relativos à presente investigação, intitulada "**Extração, isolamento, índice fagocítico e eficácia na eliminação de radicais livres da fração de flavonóides de *Cynodon dactylon***", são discutidos nas rubricas seguintes:

Fase I

4.1 Estudos *in vitro*

4.1.1 Flavonóides das partes aéreas de *Cynodon dactylon* (folha)

4.1.2 Constituintes fitoquímicos da FFCd em GC-MS

4.1.3 Constituintes fitoquímicos do FFCd em RP-HPLC

4.1.4 Efeito do FFCd na atividade de eliminação de radiações livres em modelos *in vitro*

4.1.4.1 Eliminação do radical NO.

4.1.4.2 Eliminação do radical DPPH.

4.1.4.3 Eliminação de H2O2

4.1.5 Efeito do FFCd na fragmentação do ZDNA induzida pelo stress.

Fase II

4.2 Estudos *in vivo*

4.2.1 Efeito do FFCd no índice fagocítico em ratinhos Balb/c

4.2.2 Efeito do FFCd no potencial de eliminação de radicais livres em ratos albinos suíços

4.2.2.1 Enzimas de marcadores hepáticos (SGOT e SGPT)

4.2.2.2 Atividade dos antioxidantes enzimáticos (CAT, SOD, GPx , GR e GST)

4.2.2.3 Níveis de antioxidantes não enzimáticos (Vit C, A, E e GSH)

4.2.2.4 Níveis de LPO

4.2.2.5 Análise de correlação de enzimas tiol com GSH no fígado de ratinhos de controlo e experimentais

4.2.3 Análise histopatológica

4.3 Estudos in vitro

4.3.1 Flavonóides das partes aéreas de Cynodon dactylon (folha)

O extrato de acetato de etilo de Cynodon dactylon revelou a presença de flavonóides no teste de shinoda. Assim, o pó das folhas de Cynodon dactylon foi primeiro extraído com éter de petróleo e depois com acetato de etilo. Esta segunda fração referida como FFCd foi utilizada para o isolamento de flavonóides em GC-MS e RP-HPLC. **Gabhe et al., (2008)** também revelaram a presença de esteróides e flavonóides nos extractos de éter de petróleo, benzeno, clorofórmio e acetato de etilo de Ficus bengalensis. **Bhavar et al., (2009)** também mostraram a presença de flavonóides e glicosídeos constituintes nos extractos de acetato de etilo das folhas de B. racemosa.

4.3.2 Constituintes fitoquímicos de FFCd em GC-MS

Os principais constituintes fitoquímicos do FFCd foram analisados por GC-MS. Existem muitos picos significativos nos espectros GC-MS do FFCd (Figura 1).

Figura 1. Espectros GC - MS de FFCd

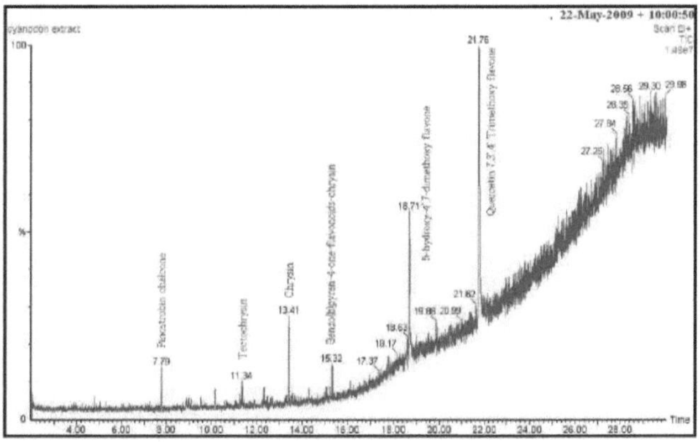

A identificação por espetrometria de massa consiste na comparação dos espectros de massa registados durante a análise e os contidos na biblioteca do instrumento e na pesquisa na biblioteca do National Institute of Standards and Technology (NIST). Na CG-EM, os compostos observados foram a pinostrobina chalcona; a tectocrisina; a crisina; o benzo[b]piran-4-um - flavonóides - crisina; a 5-hidroxi-4',7-dimetoxiflavona e a quercetina 7,3',4' Trimetoxiflavona. Este resultado está correlacionado com os resultados de **Maciejewicz et al., (2005)** em Populus nigra, que identificaram nove flavonóides, e **Tokusoglu et al., (2009) que determinaram** três flavonóides em tomates (Solanum lycopersicum L.) e produtos à base de tomate produzidos na Turquia, também registaram o mesmo tipo de compostos de várias plantas utilizando a análise GC-MS.

4.1. 3Constituintes fitoquímicos da FFCd em RP-HPLC

A análise RP-HPLC mostrou o tempo de retenção e lambda max dos flavonóides padrão catequina, querceitina e ácido gálico 3.483: 203, 7.189:203 e 12.171: 202 respetivamente (figuras 2).

Figura 2. Cromatograma RP-HPLC de padrões de catequina, querceitina e ácido gálico em metanol e água como fase móvel

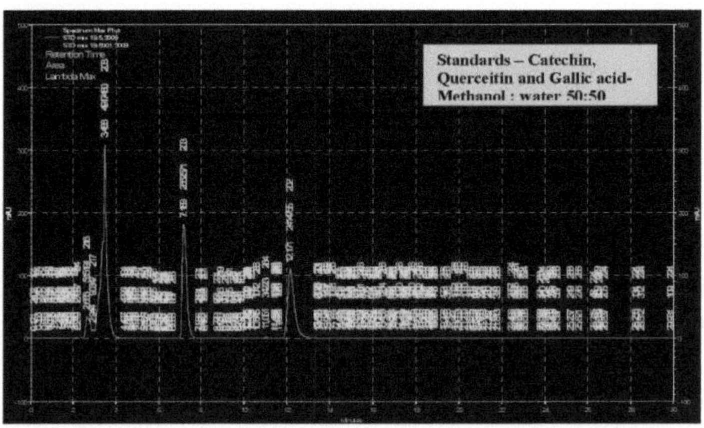

A análise RP-HPLC do FFCd mostrou um pico principal que corresponde relativamente ao tempo de retenção e ao lambda max da querceitina 6.187:203 (figuras 3).

Figura 3. Cromatograma de RP-HPLC do FFCd em metanol e água como fase móvel

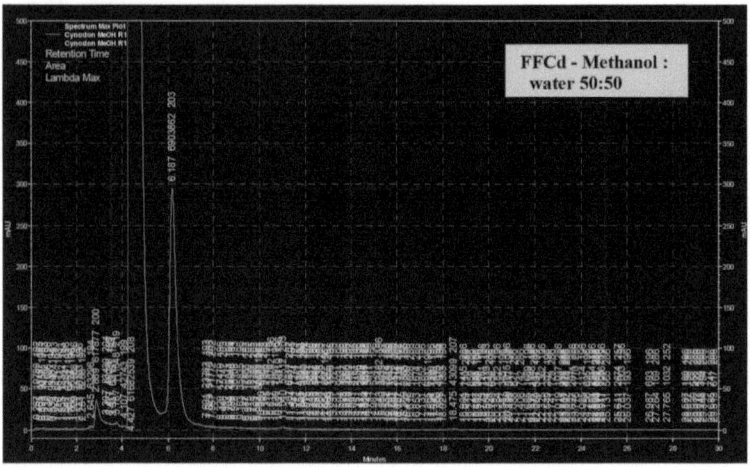

A determinação quantitativa utilizando o método dos padrões internos mostrou que a querceitina representa cerca de 78,42 ppm do composto flavanóide extraído da FFCd. Mais investigadores, como **Michal et al.,(2006)** em *F. verna*; **Ilina et al.,(2008)** em extrato de acetato de etilo das partes aéreas de *Primus serotina Ehrh.* \ dois compostos flavonóides *de Alpinia officinarum* pelo método RP-HPLC de **Tao, (2008)** e **Bisera et al.,(2009)** identificaram e quantificaram o conteúdo de flavonóides em *Sideritis* espanhola.

O procedimento RP-HPLC descrito neste estudo pode ser útil para a análise qualitativa e quantitativa de flavonóides em FFCd. Os resultados obtidos para os padrões de flavonóides indicaram uma boa precisão do método utilizado. Verificou-se que a quercetina é dominante nas folhas *de Cynodon dactylon.*

4.1.4 Efeito do FFCd na atividade de eliminação de radiações livres em modelos *in vitro*

Os resultados do efeito de eliminação de radicais livres do FFCd, avaliados por três modelos in vitro, como o radical NO, o radical DPPH e o H2O2, foram apresentados nas rubricas seguintes:

4.1.4.1 Eliminação do radical NO

Os sequestradores de NO competem com o oxigénio, levando à redução da produção de iões nitrito. O FFCd mostrou uma atividade de eliminação de radicais livres (NO) dependente da dose e, a partir da **Figura 4, verificou-se que o ED50 era de 40pg de FFCd.** Moni et al. (2008) observaram **uma inibição semelhante, dependente da dose, da produção de NO em plantas de Hibiscus mutabilis, Leucas aspera, Ixora coccinea, Polyalthia longifolia** e Kumaran et al. (2009) **também mostraram a propriedade de contrariar o efeito da formação de NO devido à presença de taninos e flavonóides em P. emblica.**

Figura 4. Efeito do FFCd na percentagem de atividade de sequestro de NO

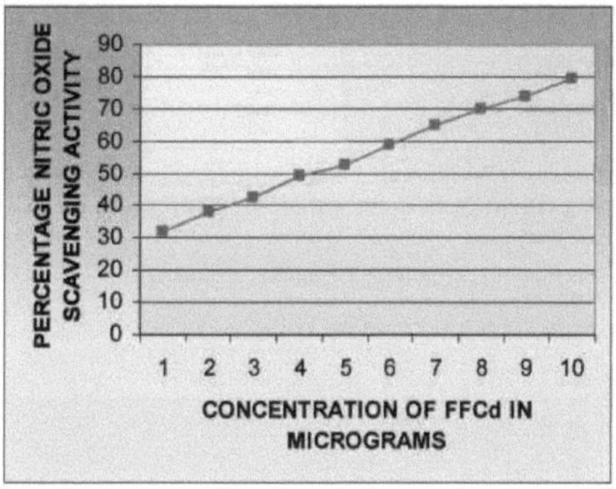

A partir do presente estudo, é muito claro que o FFCd tem a propriedade de contrariar o efeito da formação de NO devido à presença de flavonóides e, por sua vez, pode ser de interesse considerável na prevenção dos efeitos nocivos da geração excessiva de NO in vivo.

4.1.4.2 Eliminação do radical DPPH

A atividade de eliminação do radical livre estável DPPH do FFCd aumentou com o aumento da concentração e mostrou um efeito dependente da dose. Verificou-se que a ED50 para a atividade de eliminação de radicais DPPH era de 35|ig de FFCd (Figura 5). A atividade do FFCd sugere que a doação de hidrogénio pode ser um mecanismo possível para a atividade antioxidante.

Mansor et al. (2009) também observaram um efeito semelhante de eliminação de DPPH dependente da dose em extractos de folhas de F. deltoidea. **Sutharson, (2009)** no extrato metanólico e os compostos isolados friedelina 3a-acetato (FA) e β-amirina de *Bischofia javanica* e *Fraxinus floribunda* mostraram inibição de DPPH devido à atividade antioxidante mais elevada do conteúdo total de polifenóis e flavonóides presentes.

Figura 5. Efeito do FFCd na percentagem de atividade de eliminação do DPPH

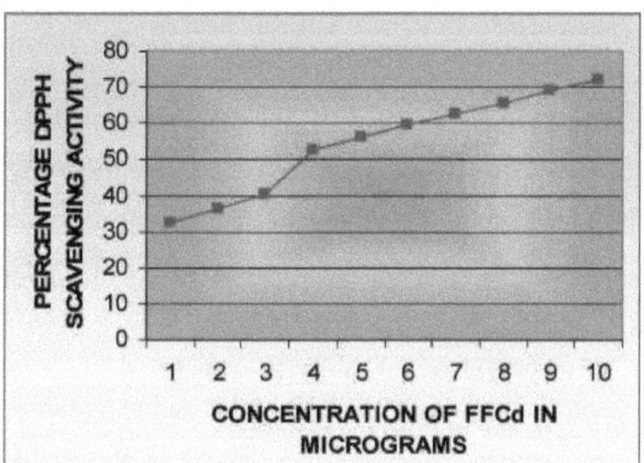

4.1.4.3 Eliminação de H2O2

O FFCd foi capaz de eliminar H2O2 de uma forma dependente da concentração. O ED50 para a eliminação de 50 por cento de H2O2 foi de 20µg (Figura 6). A eliminação de H2O2 pelo FFCd pode ser atribuída aos seus fenólicos, que podem doar electrões ao H2O2, neutralizando-o assim em água. Esta tendência dependente da dose também foi observada por **Ebrahimzadeh et al., (2009)** em P. boissieriana e mostrou uma atividade moderada de eliminação de óxido nítrico e H2O2.

Figura 6. Efeito do FFCd na percentagem de atividade de eliminação de H2O2

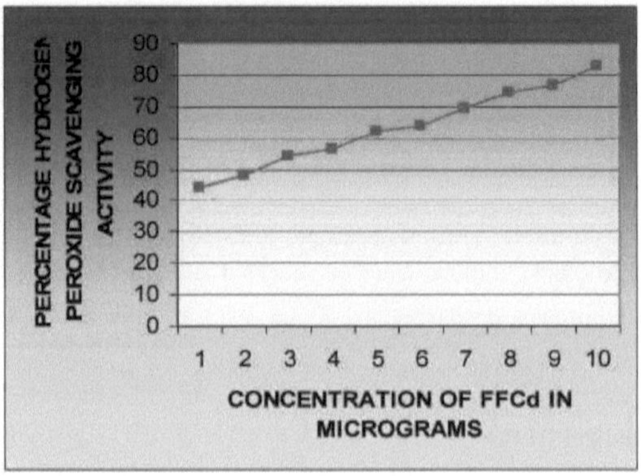

A eliminação de H2O2 pelo FFCd demonstrou o efeito oxidante e redutor, através da reversão do radical hidroxilo gerado pelo H2O2.

A atividade de eliminação de radicais livres do FFCd foi medida através do estudo da eliminação do radical NO, do radical DPPH e da eliminação de H2O2. A atividade de eliminação de radicais livres do FFCd nos três modelos in vitro acima referidos demonstrou o papel antioxidante do FFCd na concentração mais baixa, ou seja, ED50 40µg, 35µg e 20µg de NO, DPPH e H2O2, respetivamente.

O NO e o H2O2 são radicais livres instáveis, enquanto o DPPH é considerado um radical livre estável. O efeito de eliminação de radicais livres estáveis do FFCd foi considerado o mais eficaz e o ED_{50} do FFCd em ensaios DPPH, ou seja, 35 µg, foi administrado a ratinhos albinos suíços em estudos in vivo de fase II.

4.1.5 Efeito do FFCd na fragmentação do XDNA induzida pelo stress

O XDNA (fago) foi utilizado como amostra de ADN padrão. A adição in *vitro* de H2O2 e DMSO na presença e ausência de FFCd foi analisada sob a influência de um campo elétrico. As diferenças no padrão de fragmentação e migração do ADN (placa 3) indicaram que o H2O2 danificou o XDNA, como se pode ver na pista 2. O dano causado pelo H2O2 ao XDNA foi reduzido ao máximo pela administração de FFCd, como observado nas pistas 5 e 6.

O FFCd preveniu os danos oxidativos induzidos pelo H2O2. A inibição e a proteção dos danos oxidativos induzidos por H2O2 podem dever-se ao efeito antioxidante dos flavonóides presentes no FFCd. Os nossos resultados também foram apoiados por **Nand et al., (2007)** em *S. bryopteris,* **Lei Cai et al., (2008)** em salidrosídeo isolado de *Solanum nigrum*, que mostraram a diminuição da percentagem de células apoptóticas através da análise da fragmentação do ADN.

No presente estudo, a produção de peroxinitrilo é inibida pelo FFCd, o que é evidente pela prevenção de danos genéticos do ADN λ observada. Assim, o efeito preventivo pode dever-se à presença de componentes maiores e menores de flavonóides do FFCd.

Placa 3.

Efeito do FFCd no padrão de bandas no ADN X induzido por stress

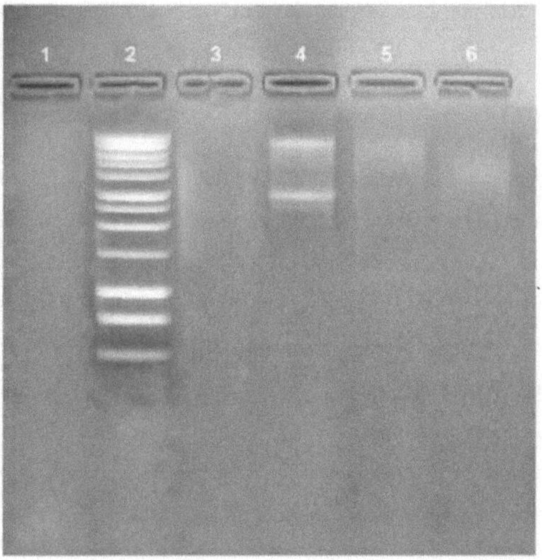

Lane 1 – λ DNA control	**Lane 4 - λ DNA + DMSO + H_2O_2**
Lane 2 – λ DNA + H_2O_2	**Lane 5 – λ DNA + FFCd**
Lane 3 – λ DNA + DMSO	**Lane 6 – λ DNA + FFCd + H_2O_2**

4.2 Estudos in vivo

4.2.1 Efeito do FFCd no índice fagocítico em ratinhos Balb/c

A taxa de remoção de carbono é a medida da competência do sistema reticuloendotelial e da sua atividade granulopoiética. A remoção mais rápida das partículas de carbono tem sido correlacionada com o aumento da atividade fagocítica.

No presente estudo, observou-se um aumento da atividade fagocítica no grupo tratado com FFCd em comparação com o grupo de controlo, como se mostra na Tabela 1 e na Figura 7. O FFCd possuía atividade estimuladora de macrófagos, como evidenciado pelo aumento do índice fagocítico no teste de eliminação de carbono. A atividade fagocítica do sistema reticuloendotelial é geralmente medida pela taxa de remoção de partículas de carbono da corrente sanguínea.

O FFCd a uma dose de 35 pg mostrou uma remoção significativa de partículas de carbono do que a do controlo. Estas observações sugerem uma atividade imunomoduladora não específica do FFCd. Resultados de **Jayathirtha et al., (2004)** em E. alba e C. asiatica. **Mayank et al., (2006)** e **Ghaisas et al., (2009)** também mostraram a atividade estimuladora de macrófagos das folhas de C. borivilianum e da casca do caule de Bauhinia variegata em grupos tratados quando comparados com o controlo.

Tabela 1. Índice fagocítico em ratinhos Balb/c administrados com e sem FFCd

Treatment groups	Phagocytic index(k)	
DMSO	0.043 ± 0.029	t = 5.927*
FFCd	0.118 ± 0.009	

Os valores são a média ± DP de seis ratos em cada grupo * - significativo a P < 0,001

A imunidade inata constitui a primeira linha de defesa durante o período crítico, imediatamente após a exposição do hospedeiro a um agente patogénico.

Em geral, a maior parte dos microrganismos encontrados por um indivíduo saudável são rapidamente eliminados em poucos dias pelo mecanismo de defesa do sistema imunitário inato, antes de activarem o sistema imunitário adaptativo.

A maioria dos componentes da imunidade inata está presente antes do início da infeção e constitui um conjunto de mecanismos de resistência à doença que não são específicos de determinados agentes patogénicos, mas que incluem componentes celulares e moleculares que reconhecem agentes patogénicos frequentemente encontrados.

Figura 7. Efeito do FFCd no índice fagocítico em ratinhos Balb/c

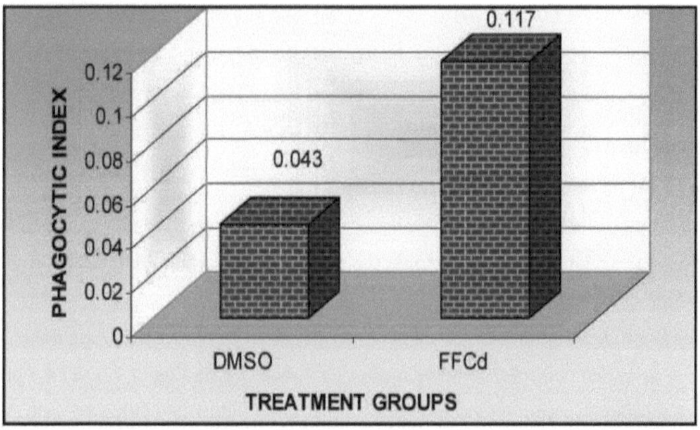

Este estudo confirmou a atividade imunoestimulante da FFCd, que induz a estimulação da resposta imunitária nos animais tratados. Por conseguinte, a planta é promissora para ser utilizada como agente imunoestimulante. Justifica-se um estudo aprofundado de várias fracções do extrato eficazes como entidades imunomoduladoras da planta para determinar a fração imunoestimulante mais potente da FFCd.

4.2.2Efeito do FFCd no potencial de eliminação de radicais livres em ratinhos albinos suíços

O potencial de eliminação de radicais livres do FFCd foi avaliado através da avaliação da atividade dos antioxidantes enzimáticos, dos níveis de antioxidantes não enzimáticos e da LPO no fígado de ratinhos tratados com DMSO, óleo de parafina, CCl4, silimarina + CCl4 e FFCd + CCl4. A fim de descobrir o funcionamento normal do fígado na presença e na ausência de FFCd, foram também realizadas as actividades das enzimas marcadoras do fígado (SGOT e SGPT).

4.2.2.1 Efeito da FFCd nas enzimas marcadoras do fígado (SGOT e SGPT)

Table 2. mostra o efeito do FFCd nas enzimas marcadoras do fígado (SGOT e SGPT).

Quadro 2. Actividades do FFCd nas enzimas marcadoras do fígado em ratos albinos suíços

Treatment groups	SGOT a(U/L)	SGPT b(U/L)
Paraffin oil	55.49	51.69
DMSO	54.35	54.64
CCl_4	121.25	110.19
Silymarin + CCl_4	48.49 *	70.79 *
FFCd + CCl_4	82.56 *	77.72 *
CD(α = 0.05)	2.04	0.051

Os valores são a média de seis ratos em cada grupo

* - P>0,001 **em comparação com o grupo CCl4**

a - micromole de piruvato formado / minuto

b - micromole de fenol formado / minuto

O tratamento de FFCd + CCl4 resultou numa diminuição altamente significativa (p<0,001) dos níveis de enzimas marcadoras hepáticas de (SGOT - 82,56 e SGPT - 77,72) (Quadro 2, Figura 8 e 9) e silimarina + CCl4 (SGOT - 48,49 e SGPT- 70,79), respetivamente, quando comparados com CCl4 (SGOT- 121,25 e SGPT -110,19). Os resultados obtidos indicam um elevado grau de proteção do fígado pela FFCd contra o efeito da hepatotoxina CCl4.

Figura 8 . Efeito do FFCd e da silimarina nos níveis de SGOT em ratinhos albinos suíços contra CCl4

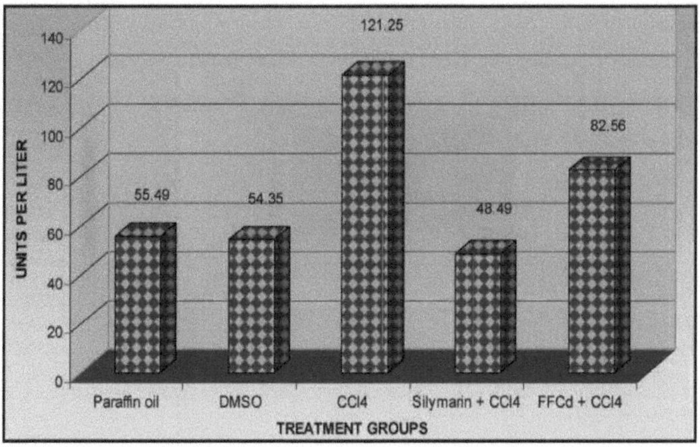

Figura 9 . Efeito do FFCd e da silimarina nos níveis de SGPT em ratinhos albinos suíços contra CCl4

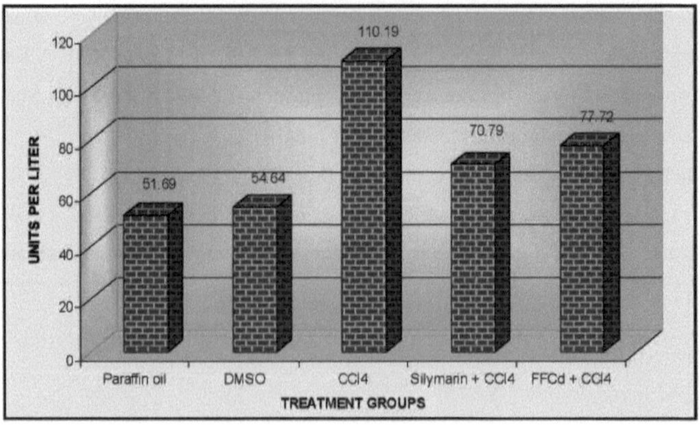

Estes resultados estão de acordo com os resultados de **Samudram et al., (2008)** em extrato etanólico das folhas de Eclipta alba e sementes de Piper longum, **Syed et al., (2008)** tratamento com extrato metanólico de Feronia limonia (ME), **Tenpe et al, (2009)** em extractos de Oroxylum indicum, **Kalaivani et al., (2009)** em extractos aquosos e etanólicos de A. marmelos e **Thirupathi et al., (2009)** em extrato metanólico de folhas de Balanites roxburghii (BLR) mostraram uma diminuição significativa do nível de marcadores bioquímicos como SGOT e SGPT. Assim, os resultados acima indicaram um elevado grau de proteção contra o efeito hepatotóxico do CCl4. Foi relatado que as folhas de Cynodon dactylon possuem flavonóides. Sugeriu-se que os flavonóides isolados possuem atividade de eliminação de radicais livres. O aumento do nível de SGOT e SGPT é um indicador sensível de lesão hepática. No presente estudo, verificou-se que a administração de FFCd + CCl4 diminui significativamente os níveis das enzimas marcadoras séricas SGOT e SGPT. O estudo das actividades enzimáticas, como a SGOT e a SGPT, foi considerado de grande valor na avaliação do funcionamento clínico e normal da lesão hepática.

4.2.2.2 Efeito da FFCd na atividade dos antioxidantes enzimáticos (CAT, SOD, GPx, GR e GST)

As actividades da CAT, SOD, GPx, GR e GST no fígado de ratinhos albinos suíços administrados com e sem FFCd contra CCl4, em comparação com o antioxidante padrão, são apresentadas no Quadro 3.

Tabela 3. Actividades dos antioxidantes enzimáticos no fígado de ratinhos albinos suíços administrados com e sem FFCd e silimarina contra CCl4

Treatment groups	CAT a(U/mg protein)	SOD b(U/mg protein)	GPx c(U/mg protein)	GR d(U/mg protein)	GST e(U/mg protein)
Paraffin oil	35.75	3.12	2.99	4.34	272.06
DMSO	26.33	2.64	2.96	3.30	266.85
CCl_4	17.06	2.45	1.13	2.57	219.2
Silymarin+ CCl_4	62.87[#*]	4.35[#*]	5.44[#*]	7.21[#*]	411.7[#*]
FFCd+ CCl_4	82.08[#*@]	4.49[#*]	7.27[#*@]	9.52[#*@]	463.3[#*]

CD(α=0.05)	13.875	0.483	0.312	0.427	91.884

Os valores são a média de seis ratos em cada grupo

#. P<0,001 em comparação com os grupos de controlo com veículo

. P<0,001 em comparação com o grupo CCl4

@. P<0,001 em comparação com o grupo da silimarina

a. 1 Unidade é definida como a quantidade de enzima necessária para diminuir a absorvância em 0,05 unidades a 240nm

b. 1Unidade é definida como a quantidade de enzima que permite inibir 50% da extensão da redução do NBT em 1 minuto

c. 1Unidade é definida como os nano moles de GSH oxidados / min.

d .1A unidade é definida como o número de mili-moles de NADPH oxidado / min.

e. 1Unidade é definida como os nano moles de CDNB conjugado / min.

CAT

Verificou-se que a atividade da CAT no grupo de controlo CCl4 era inferior à do controlo do veículo (p<0,001). Aumento significativo da atividade da CAT no fígado de ratinhos tratados com FFCd + CCl4 em comparação com silimarina + CCl4, como se mostra na Tabela 3 e na Figura 10.

Figura 10. Efeito do FFCd e da silimarina na atividade da CAT no fígado de ratinhos albinos suíços contra o CCl4

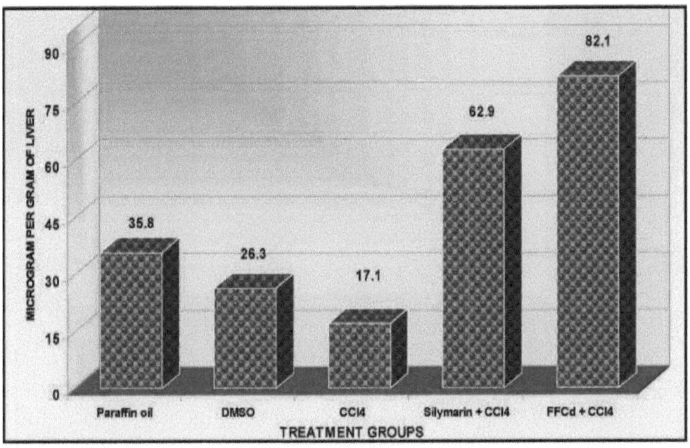

O aumento da atividade da catalase através da coadministração de FFCd e CCl4 impediu a acumulação excessiva de radicais livres e protegeu o fígado da intoxicação por CCl4. **SOD**

A Tabela 3 e a Figura 11 mostram a atividade da SOD no fígado de ratinhos. A atividade da SOD no grupo de controlo com CCl4 foi significativamente inferior à do grupo de controlo com veículo e do grupo experimental. Os ratinhos tratados com FFCd + CCl4 apresentaram um aumento da atividade da SOD.

Figura 11. Efeito do FFCd e da silimarina na atividade da SOD no fígado de ratinhos albinos suíços contra o CCl4

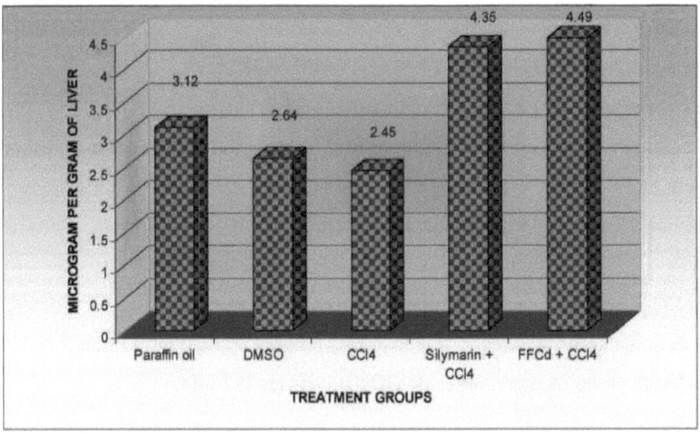

GPx

A atividade da GPx no fígado diminuiu significativamente ($p<0,05$) no grupo CCl4 em comparação com o grupo de ratinhos de controlo. A administração intraperitoneal de FFCd + CCl4 proporcionou um aumento significativo da atividade GPx no fígado quando comparada com a dos ratinhos injectados com DMSO, óleo de parafina e silimarina + CCl4, como se mostra na Tabela 3 e na Figura 12.

Figura 12. Efeito do FFCd e da silimarina na atividade da GPx no fígado de ratinhos albinos suíços contra o CCl4

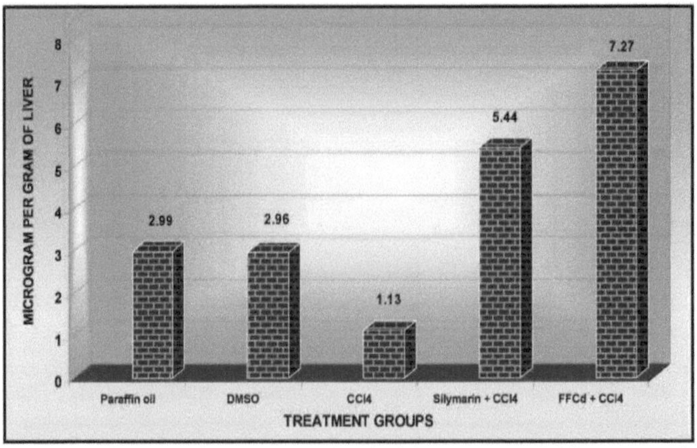

A GPx, a SOD e a CAT constituem uma equipa de defesa contra as ROS que se apoiam mutuamente. No nosso estudo, a diminuição significativa da atividade desta enzima em ratos administrados com CCl4 revela que o stress oxidativo provocado pela intoxicação por CCl4 foi anulado devido ao efeito do FFCd.

GR

Verificou-se que a atividade GR aumentou significativamente (Quadro 3 e Figura 13) nos ratos tratados com FFCd + CCl4, em comparação com os ratos de controlo e os ratos tratados com silimarina + CCl4.

Figura 13. Efeito do FFCd e da silimarina na atividade do GR no fígado de ratinhos albinos suíços contra o CCl4

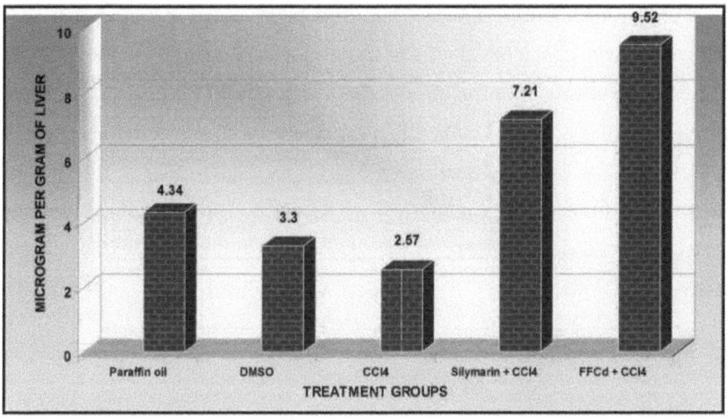

GST

No presente estudo, a atividade da GST no fígado diminuiu significativamente (p<0,05) com CCl4 em comparação com o controlo. A administração intraperitoneal de FFCd + CCl4 provocou um aumento significativo da atividade da GST (p<0,05) no fígado em comparação com o grupo tratado com CCl4 (Tabela 3. e Figura 14).

Figure 14. Efeito do FFCd e da silimarina na atividade da GST no fígado de ratinhos albinos suíços contra o CCl4

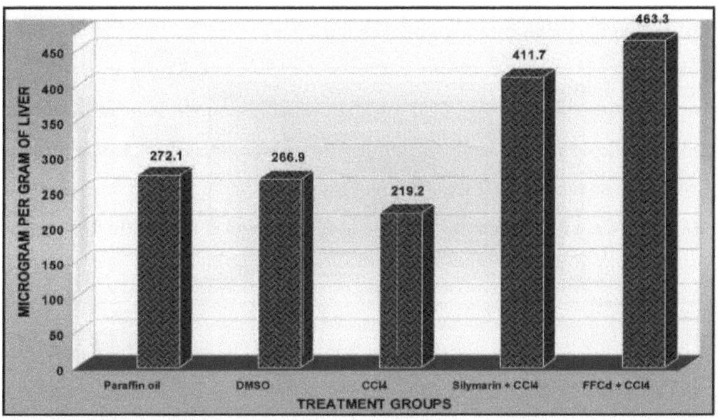

Os resultados acima mostraram um aumento significativo na atividade de antioxidantes enzimáticos, como CAT, SOD, GPx, GR e GST em FFCd + CCl4 (CAT - 82,08 U/mg, SOD - 4,49U/mg, GPx-7,27 U/mg,GR-9,52 e GST- 463,3) e silimarina padrão + CCl4 (CAT - 62.87 U/mg, SOD-4.35U/mg, GPx-5.44 U/mg, GR-7.21 e GST- 411.7) quando comparada com CC14 (CAT - 17.06 U/mg, SOD-2.45U/mg, GPx-1.13 U/mg, GR-2.57 e GST- 219.2). Estes resultados da atividade enzimática reflectem o elevado potencial de eliminação de radicais livres da FFCd. As nossas descobertas também foram apoiadas por **Balamurugan et al., (2008)** em extrato etanólico das raízes de Trianthema decandra, **Palanivel et al., (2008)** em extrato etanólico de Pisonia aculeata (EPA), **Ajay Kumar Gupta et al, (2006)**, no extrato metanólico do capitulo de

Chamomile recutita, que mostrou níveis aumentados de GPx, GST, GR, SOD, CAT e atividade GSH contra a lesão hepática induzida por CCl4 em ratos, expressou a atividade antioxidante e hepatoprotectora. O presente estudo indicou claramente que, à exceção da GST e da SOD, todas as outras actividades enzimáticas aumentaram significativamente com a FFCd + CCl4 do que com a silimarina + CCl4.

4.2.2.3 Efeito da FFCd nos níveis de antioxidantes não enzimáticos (Vitamina C, A, E e GSH)

Os níveis de vitaminas C, A, E e GSH foram estimados no fígado de ratinhos tratados com DMSO, óleo de parafina, CCl4, FFCd + CCl4 e silimarina + CCl4. Os resultados são indicados no Quadro 4.

Tabela 4. Níveis de antioxidantes não enzimáticos no fígado de ratinhos albinos suíços administrados com e sem FFCd e silimarina contra CCl4

Treatment groups	Vitamin C (µg/g tissue)	Vitamin A (µg/g tissue)	Vitamin E (µg/g tissue)	GSH (nm/g tissue)
Paraffin oil	1.99	7.14	3.79	8.34
DMSO	1.52	5.40	3.57	8.13
CCl_4	0.49	3.60	2.08	4.66
Silymarin + CCl_4	3.08 #*	23.96 #*	6.93 #*	14.10 #*
FFCd + CCl_4	4.60 #*@	43.57 #*@	8.77 #*@	25.00 #*@
CD(α=0.05)	0.475	1.945	0.733	4.408

Os valores são a média de seis ratos em cada grupo

#-P<0,001 em comparação com os grupos de controlo com veículo

-P<0 ,001 em comparação com o grupo CCl4

P<0 ,001 em comparação com o grupo da silimarina

Vitamina C

A administração intraperitoneal de FFCd + CCl4 proporcionou um aumento significativo do nível de vitamina C no fígado quando comparado com os ratinhos injectados com DMSO, óleo de parafina e silimarina + CCl4 contra CCl4, como se mostra na Tabela 4 e na Figura 15.

Figure 15. Efeito do FFCd e da silimarina nos níveis de vitamina C no fígado de ratinhos albinos suíços contra o CCl4

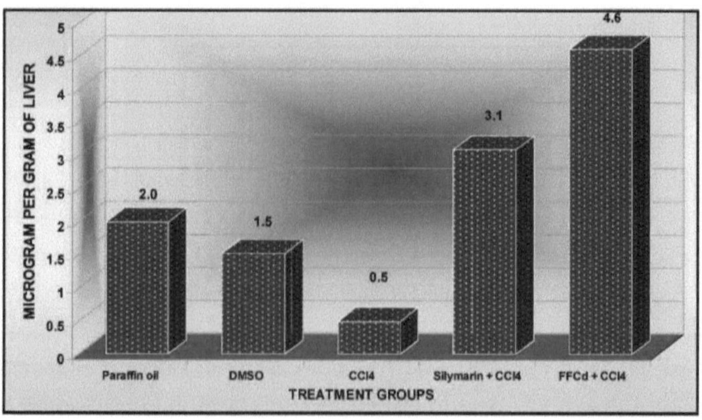

As vitaminas C e E são sinérgicas na eliminação de uma grande variedade de ERO. O aumento significativo dos níveis de vitamina C e E nos ratinhos tratados com FFCd pode dever-se à sua atividade antioxidante, que pode induzir a regeneração do ácido ascórbico.

Registou-se uma tendência semelhante nos níveis de vitamina A, E e GSH, como se mostra no quadro 4 e nas figuras 16, 17 e 18.

Figure 16. Efeito do FFCd e da silimarina nos níveis de vitamina A no fígado de ratinhos albinos suíços contra o CCl4

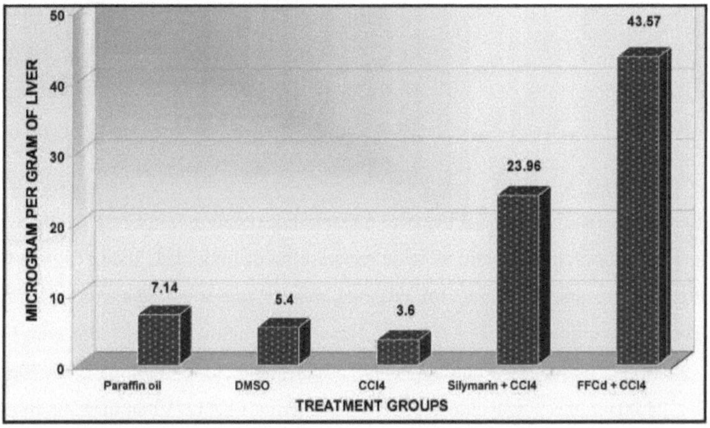

Figura 17. Efeito do FFCd e da silimarina nos níveis de vitamina E no fígado de ratinhos albinos suíços contra CCl4

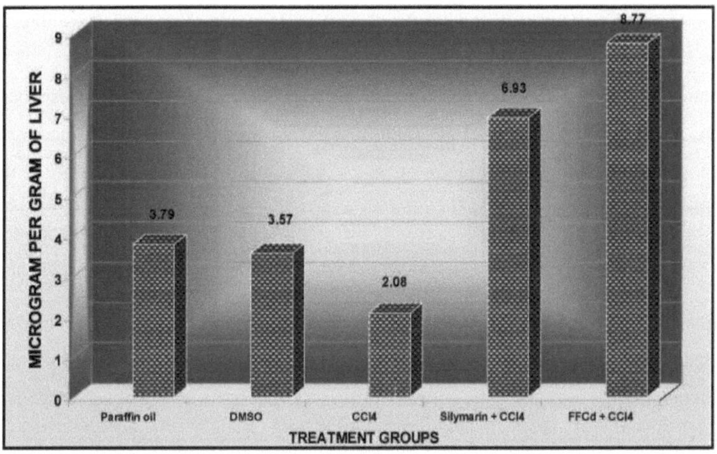

O aumento do nível de vitamina E nos ratinhos tratados com FFCd revelou a sua natureza antioxidante. O flavonoide presente no FFCd pode ser responsável pelo efeito protetor nos danos hepáticos induzidos pelo CCl4. Verificou-se que este efeito é mais pronunciado do que o da silimarina.

Figura 18. Efeito do FFCd e da silimarina nos níveis de GSH no fígado de ratinhos albinos suíços contra CCl4

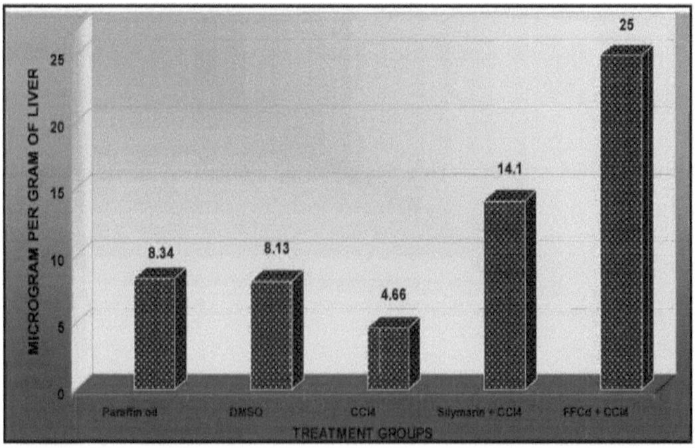

O aumento significativo da GSH hepática nos ratinhos tratados com FFCd evitou as perturbações e lesões dos tecidos, proporcionando um meio de recuperação da toxicidade induzida pelo CCl4.

A partir dos resultados acima, foi possível avaliar que a atividade dos antioxidantes não enzimáticos, como a vitamina C, A, E e GSH, no fígado de ratinhos administrados com FFCd + CC14 (Vitamina C - 4,60jxg/g de tecido, Vitamina A - 43,57μg/g de tecido, Vitamina E - 8,77μg/g de tecido hepático e GSH -25,00 nmoles/g de tecido hepático) e silimarina + CCl_4 (Vitamina C - 3.08p,μg de tecido, Vitamina A - 23,96jxg/g de tecido, Vitamina E - 6,93μg/g de tecido hepático e GSH -14,10 nmoles/g de tecido hepático) foram significativamente mais elevadas do que as dos ratinhos tratados com CCl_4 (Vitamina C - 0,49μg/g de tecido, Vitamina A - 3,60 μgg de tecido, Vitamina E - 2,08pμ/g de tecido hepático e GSH - 4,66 nmoles/g de tecido hepático). Os resultados desta atividade não enzimática reflectem o elevado potencial de eliminação de radicais livres do FFCd. As nossas descobertas também foram apoiadas por **Sambath Kumar et al., (2005)** no extrato metanólico da casca do caule de Careya arborea Roxb, **Mohammad Ali Esmaeili et al., (2009)** em S. sahendica mostrou um aumento significativo nos níveis de GSH, Vitamina C, E e A de uma forma dependente da dose.

O fígado é o principal órgão desintoxicante do corpo e, como tal, possui uma elevada taxa metabólica e está sujeito a muitos insultos potencialmente causadores de stress oxidativo. Consequentemente, um estado correto do sistema de defesa antioxidante hepático é da maior importância para a manutenção da saúde. O fígado é também o principal órgão envolvido no metabolismo dos fenólicos e flavonóides absorvidos, onde chegam através da veia porta após a absorção ao longo do trato gastrointestinal. Por conseguinte, os potenciais efeitos benéficos dos fenólicos e flavonóides dos alimentos ocorreriam principalmente no fígado e também no sangue.

Os presentes resultados indicam que o FFCd tem um potencial muito bom para melhorar o estado antioxidante humano e prevenir o stress oxidativo normal que ocorre diariamente devido à exposição normal a muitos produtos químicos e condições causais. Este potencial do FFCd parece dever-se aos seus componentes antioxidantes bioactivos, especialmente polifenóis e flavonóides. Nos últimos anos, a importância do stress oxidativo na fisiopatologia de muitas doenças humanas tem sido destacada, pelo que a utilização desta planta como medicamento à base de plantas é altamente recomendada. São essenciais ensaios para estabelecer a eficácia e a dosagem ideal do presente produto à base de plantas para o tratamento de doenças crónicas humanas com fisiopatologia de stress oxidativo. Os resultados acima referidos de antioxidantes enzimáticos (CAT, SOD, GPx, GR e GST) e os níveis de antioxidantes não enzimáticos (vitaminas C, A, E e GSH) revelaram que a FFCd apresentou um efeito significativo do que a silimarina antioxidante padrão.

4.2.2.4 Efeito do FFCd nos níveis de LPO

Os níveis de LPO diminuíram significativamente nos ratinhos tratados com FFCd + CCl4 (4,54) quando comparados com o tratamento com CCl4 (11,72) e com a silimarina + CCl4 (5,49). Estes resultados podem * ser atribuídos ao potencial de eliminação de radicais livres do FFCd, eliminando o radical CCl3 gerado devido à transformação metabólica nos ratinhos, como se mostra no Quadro 7 e na Figura 19. Achados semelhantes foram também relatados por **Syed Mansoor (2008)** no extrato metanólico de Feronia limonia (ME) **Chandrashekhar et al., (2009)** no extrato metanólico de Stereospermum suaveolens demonstraram uma redução dependente da dose na peroxidação lipídica in vivo induzida por CCl4.

Tabela 5. Níveis de LPO no fígado de ratinhos albinos suíços administrados com e sem FFCd e silimarina contra CCl4

Treatment groups	LPO (nanomole MDA/mg protein)
Paraffin oil	4.27
DMSO	3.08
CCL_4	11.72
Silymarin+ CCl_4	5.49*
FFCd+CCl_4	4.54*
CD(α=0.05)	1.155

Os valores são a média de seis ratos em cada grupo

. P > 0,001 em comparação com o grupo CCl4

Nos resultados acima referidos, o fígado de ratinhos tratados com CCl4 mostrou um aumento do nível de LPO, levando a danos nos tecidos e a uma diminuição significativa do mecanismo de defesa antioxidante, aumentando ainda mais a formação de radicais livres excessivos. O FFCd tem a capacidade de eliminar os radicais livres, inibindo a peroxidação lipídica induzida pelo CCl4. Assim, o tratamento com FFCd inverteu significativamente estas alterações, o que pode dever-se ao efeito antioxidante e hepatoprotector do FFCd, que ajuda a manter a arquitetura normal da membrana. Esta atividade pode dever-se à presença de compostos polifenólicos polares.

Figura 19. Efeito do FFCd e da silimarina nos níveis de LPO no fígado de ratinhos albinos suíços contra CCl4

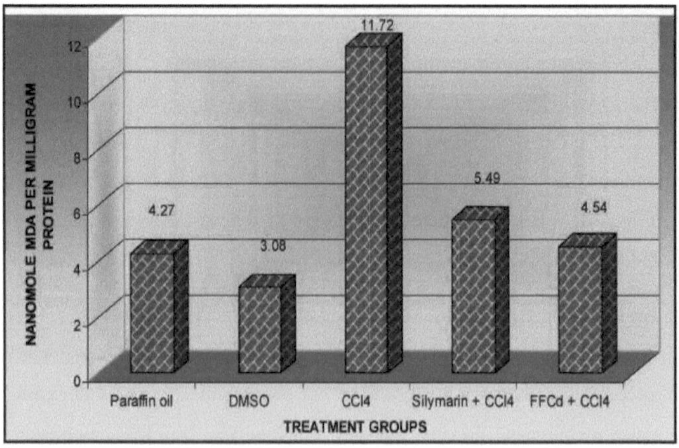

Os resultados acima referidos no estudo in vivo indicam claramente que o FFCd pode estar associado a uma diminuição do stress oxidativo e dos danos nos tecidos mediados por radicais livres.

4.2.2.5 Análise de correlação das enzimas tiol com GSH no fígado de ratinhos de controlo e experimentais Observou-se uma correlação positiva significativa ($P<0,01$) entre GSH e todas as enzimas tiol [GPx($r = 0,79146$), GR($r = 0,95064$)e GST($r = 0,91095$)] no fígado (Figura 20).

Figura 20. Correlação entre enzimas tiol e GSH no fígado de ratos de controlo e experimentais

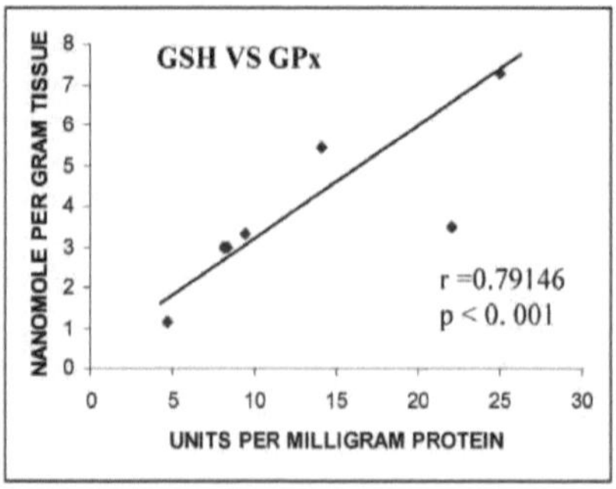

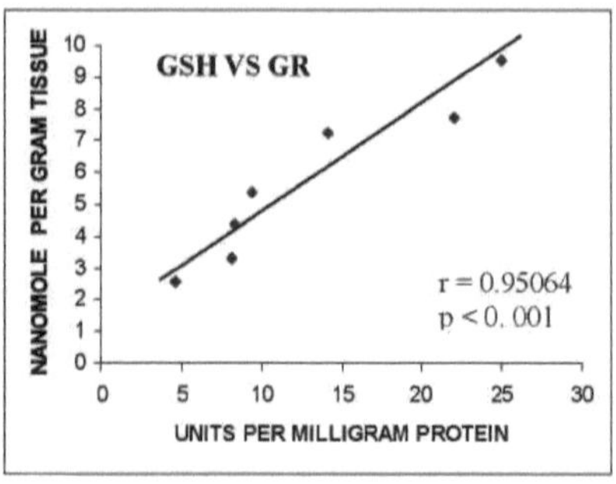

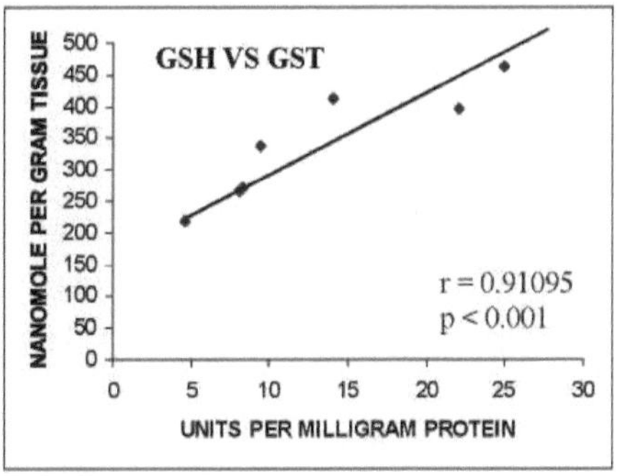

4.2.3 Análise histopatológica

O aspeto histológico dos hepatócitos (Placa 4) tratados com Parafina e DMSO mostrou o aspeto celular normal (Placa 4-A e B). Os hepatócitos dos fígados de ratinhos tratados com CCl4 apresentaram necrose centrilobular dos hapatócitos; foram observadas alterações gordas microvesiculares e alterações gordas extensas em todo o lóbulo (placa 4-C).

As secções do fígado de ratinhos tratados com silimarina e CCl4 mostraram uma inflamação portal mínima e um aspeto mais ou menos normal (placa 4-D).

O aspeto histológico do fígado de ratinhos tratados com FFCd e CCl4 mostrou uma recuperação significativa com o desaparecimento da deposição de gordura, necrose e recuperação do aspeto normal dos hepatócitos.

Os tractos portais apareceram quase limpos, indicando uma potente atividade hepatoprotectora (placa 4-E) do FFCd. A diminuição significativa dos níveis de LPO pela administração de FFCd + CCl4, como se mostra na tabela 5 e na figura 19, apoia estas conclusões.

Placa 4 (A-E). Efeito do FFCd na histopatologia do fígado

A – Paraffin oil

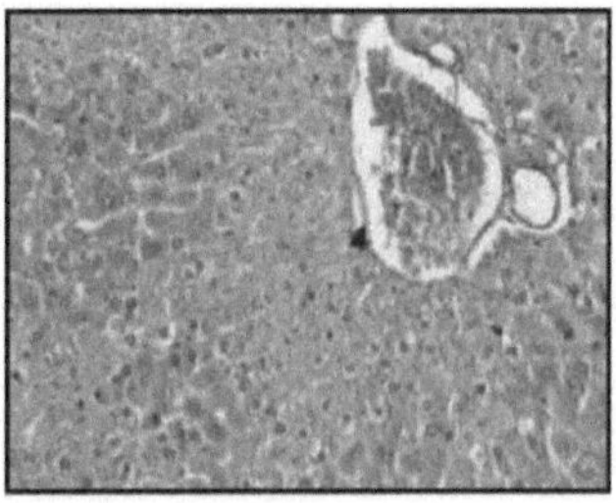

Marked microvesicular fatty change

B - DMSO

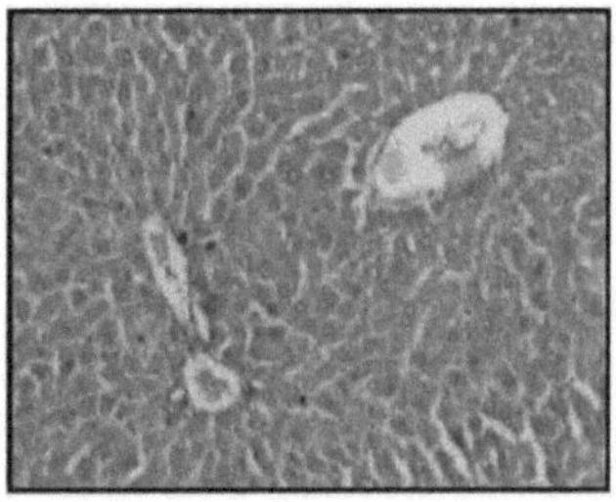

Edema and feathery

C - CCl_4

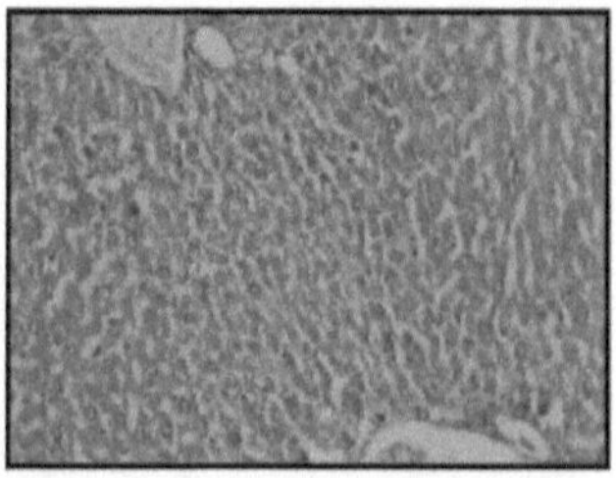

Bridging necrosis-porto-central and marked microvesicular fatty change

D - Silymarin +CCl_4

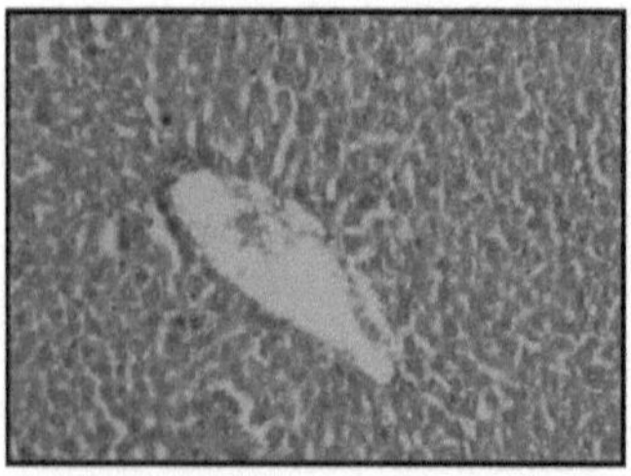

Marked microvesicular fatty change and edema

E - FFCd +CCl_4

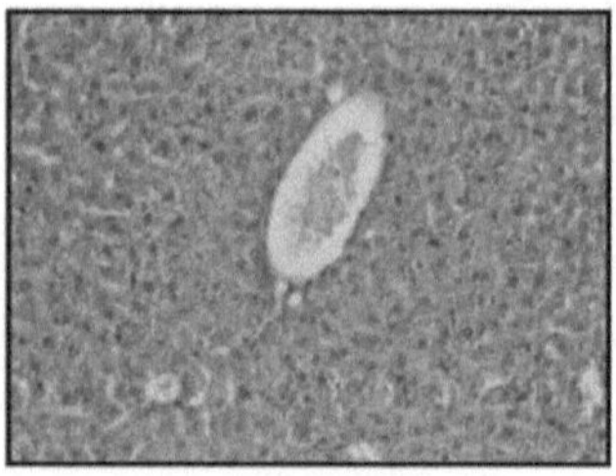

Edema and sinusoidal dilatation

Saleh et al., (2009) no extrato total de partes aéreas de Fumaria parviflora e **Chaudhari et al., (2009)** no extrato hidroalcoólico de folhas de Momordica charantia mostraram uma recuperação significativa com o desaparecimento da deposição de gordura e da necrose. No presente estudo, os tractos portais apareceram quase limpos, indicando uma potente atividade de eliminação de radicais livres do FFCd. A necrose induzida pelo CCl4 e os danos nas membranas foram revertidos pela administração de FFCd.

Assim, a FFCd exibiu uma propriedade antioxidante que pode ser responsável pela atividade de eliminação do radical NO, do radical DPPH e do H2O2. Por conseguinte, pode inferir-se que a propriedade antioxidante da planta em estudo pode impedir a formação do radical triclorometilperóxido do CCl4, inibindo assim a peroxidação lipídica contra o desafio do CCl4.

A coadministração de FFCd em ED50 mostrou uma diminuição significativa dos níveis de marcadores bioquímicos (SGOT e SGPT), bem como uma recuperação notável dos caracteres histológicos dos hepatócitos de ratinhos tratados com CCl4. O teste fitoquímico, a análise RP-HPLC e GC-MS indicaram a presença de flavonóides e estes podem ser responsáveis pela atividade observada. O aumento da atividade fagocítica do grupo tratado com FFCd é bom para ser utilizado como imunoestimulador que estimula a resposta imunitária não específica.

Em suma, o índice fagocítico e a atividade de eliminação de radial livre do FFCd podem dever-se à presença de flavonóides no FFCd. É necessário efetuar mais investigação para a caraterização dos compostos.

CAPÍTULO 5

5. RESUMO E CONCLUSÃO

Os produtos naturais representam uma fonte vital de medicamentos biologicamente activos com um mecanismo de ação único. As especiarias e as ervas aromáticas são reconhecidas como fontes de antioxidantes naturais que podem proteger do stress oxidativo, desempenhando assim um papel importante na quimioprevenção de doenças que têm a sua etiologia e patofisiologia nas espécies reactivas de oxigénio. As propriedades medicinais das plantas populares são atribuídas principalmente à presença de flavonóides, mas também podem ser influenciadas por outros compostos orgânicos e inorgânicos. As plantas acumulam substâncias químicas antioxidantes como metabolitos secundários através da evolução como um meio natural de sobrevivência num ambiente hostil.

Os medicamentos à base de plantas derivados de extractos de plantas estão a ser cada vez mais utilizados para tratar uma grande variedade de doenças clínicas. Existe um interesse crescente na avaliação farmacológica de várias plantas utilizadas no sistema de medicina tradicional indiana.

O presente estudo, intitulado **"Extração, isolamento, índice fagocítico e eficácia de eliminação de radicais livres da fração de flavonóides de *Cynodon dactylon*"**, foi realizado para avaliar o efeito imunomodulador e de eliminação de radicais livres da FFCd. Os resultados obtidos no estudo são resumidos da seguinte forma:

As experiências foram realizadas em duas fases. Os estudos in vitro da fase I consistiram na extração, isolamento e preparação do FFCd; caraterização dos constituintes fitoquímicos do FFCd por RP-HPLC e análise GC-MS; foi avaliado o efeito do FFCd na atividade de eliminação de radicais livres estáveis (DPPH) e instáveis (NO e H2O2) e o efeito do FFCd no ADN λ desafiado por H2O2. Na fase II, foram efectuados estudos *in vivo* para acompanhar o efeito do FFCd no índice fagocítico e no efeito de eliminação de radicais livres em ratinhos Balb/c e albinos suíços, respetivamente.

O extrato de acetato de etilo de *Cynodon dactylon* revelou a presença de flavonóides no teste de Shinoda. Assim, o pó das folhas de *Cynodon dactylon* foi primeiro extraído com éter de petróleo e depois com acetato de etilo. Esta segunda fração, designada por fração de flavonóides de *Cynodon dactylon* (FFCd), foi utilizada para o isolamento de flavonóides em GC-MS e RP-HPLC.

A análise por cromatografia gasosa e espetrometria de massa do FFCd revelou a presença de Pinostrobina chalcona; Tectocrisina; crisina; benzo[b]piran-4-ona - flavonóides - crisina; 5-hidroxi-4',7-dimetoxiflavona e Quercetina (7,3',4' Trimetoxiflavona).

A análise por cromatografia líquida de alta eficiência de fase reversa do FFCd em relação aos flavonóides padrão catequina, querceitina e ácido gálico revelou um pico principal que corresponde relativamente ao tempo de retenção e ao lambda max da querceitina. A determinação quantitativa utilizando o método dos padrões internos mostrou que a querceitina representa cerca de 78,42 ppm do composto flavonoide extraído do FFCd.

Verificou-se que o efeito de eliminação do radical óxido nítrico, do radical DPPH e do peróxido de hidrogénio do FFCd era dependente da dose e o ED_{50} era de 40 µg, 20 µg e 35 µg, respetivamente. O NO e o

H2O2 são radicais livres instáveis, enquanto o DPPH foi considerado um radical livre estável. A eliminação do radical DPPH estável foi considerada como um papel antioxidante mais eficaz. Por conseguinte, o ED_{50} de DPPH (35 µg) foi selecionado para os estudos *in vivo*.

O efeito protetor do FFCd na prevenção da fragmentação do ADN foi avaliado utilizando o ADN λ na eletroforese em gel de agrose. O stress foi induzido pela adição de H2O2. O FFCd preveniu os danos oxidativos induzidos pelo H2O2. A inibição e a proteção dos danos oxidativos induzidos pelo H2O2 podem dever-se ao efeito de eliminação dos radicais livres dos flavonóides presentes no FFCd.

A atividade fagocítica não específica do FFCd foi avaliada pelo teste de eliminação de carbono em ratinhos Balb/c. Observou-se um aumento significativo do índice fagocítico nos ratinhos tratados com FFCd (0,118 ± 0,009) em relação ao grupo de controlo (0,043 ± 0,029), indicando o seu papel imunomodulador inato.

O funcionamento normal do fígado foi avaliado pela atividade das enzimas marcadoras hepáticas (SGOT e SGPT). Verificou-se uma diminuição significativa dos níveis das enzimas marcadoras hepáticas em FFCd + CCl4 (SGOT - 82,56 e SGPT - 77,72) e em silimarina + CCl4 (SGOT - 48,49 e SGPT- 70,79), respetivamente, quando comparados com os grupos de CCl4 (SGOT- 121,25 e SGPT -110,19). Este facto indica o funcionamento normal do fígado e o papel protetor do FFCd contra a administração de CCl4.

A atividade de eliminação de radicais livres do FFCd foi avaliada através da avaliação dos antioxidantes enzimáticos e não enzimáticos. O aumento significativo da atividade dos antioxidantes enzimáticos em FFCd + CCl4 (CAT - 82,08 U/mg, SOD - 4,49U/mg, GPx - 7,27 U/mg, GR - 9,52 e GST - 463,30) e silimarina padrão + CCl4 (CAT - 62.87 U/mg, SOD - 4,35U/mg, GPx - 5,44 U/mg, GR - 7,21 e GST - 411,70) quando comparados com CCI4 (CAT - 17,06 U/mg, SOD - 2,45U/mg, GPx - 1,13 U/mg, GR - 2,57 e GST - 219,20). Níveis de antioxidantes não enzimáticos no fígado de ratos administrados com FFCd + CCl_4 (Vitamina C - 4,60p.g/g de tecido, Vitamina A - 43,57µg/g de tecido, Vitamina E - 8,77µg/g de tecido hepático e GSH - 25,00 nmoles/g de tecido hepático) e silimarina + CCl_4 (Vitamina C - 3,08p.g/g de tecido, Vitamina A - 23.96|µg/g de tecido, Vitamina E - 6,93µg/g de tecido hepático e GSH - 14,10 nmoles/g de tecido hepático) foram significativamente superiores aos dos ratinhos tratados com CCl_4 (Vitamina C - 0,49p.g/g de tecido, Vitamina A - 3,60gg/g de tecido, Vitamina E - 2,08µg/g de tecido hepático e GSH - 4,66 nmoles/g de tecido hepático). Observou-se uma correlação positiva significativa entre a atividade das enzimas tiol e a GSH no fígado dos ratinhos de controlo e experimentais. Os ratinhos tratados com FFCd + CCl4 apresentaram uma diminuição significativa dos níveis de peróxidos lipídicos (4,54) do que os tratados com CCl4 (11,72) e silimarina + CCl4 (5,49).

O aspeto histológico do fígado dos ratinhos tratados com FFCd + CCl4 mostrou uma recuperação significativa com o desaparecimento da deposição de gordura e da necrose, em comparação com o fígado dos ratinhos tratados com CCl4. A atividade hepatoprotectora do FFCd foi mais significativa do que a da silimarina padrão e ajudou a manter a arquitetura normal do fígado dos ratinhos.

Os resultados acima referidos e as observações histológicas confirmaram a atividade fagocítica significativa e o papel de eliminação de radicais livres do FFCd.

Conclusão

Para concluir, o FFCd ofereceu um efeito protetor contra a hepatotoxicidade induzida pelo CCl4 através da sua eficácia antioxidante na eliminação de radicais livres em ratos experimentais e potencial imunomodulador da resposta imunitária não específica. Este efeito protetor pode ser devido aos constituintes flavonóides. Assim, o FFCd pode ser recomendado como imunomodulador e eliminador de radicais livres para os indivíduos sujeitos a stress oxidativo, como a inflamação, o envelhecimento, a mutagenicidade e a carcinogenicidade.

Recomendações para estudos futuros

- É possível realizar a atividade fagocitária de células polimorfonucleares utilizando *Candida albicans* (células de levedura).
- A elucidação estrutural dos flavonóides bioactivos também pode ser explorada.

REFERÊNCIAS

Agarwal, J.C. (1996), Educational research on integration, Arya Book Depot. New Delhi.

Ajay Kumar Gupta, Havagiray Chitme e Sujata K. Dass (2006), Antioxidant Activity of *Chamomile recutita* and *Capitula Methanolic* Extract against CC14 - Induced Liver Injury in Rats, Journal of Pharmacology and Toxicology, 1(2): 101-107.

Amanda, R.R.V. e Fabio de Sousa, M. (2007), Atividade antioxidante de tinturas de plantas comumente vendidas em farmácias e indicadas para diversos tipos de doenças utilizando a metodologia DPPH. Revista Brasileira de Farmacognosia, 17(3): 384-387.

Anbu Jeba Sunilson, J., Jayaraj, P., Syam Mohan. M., Anita Gnana Kumari, A. e Varatharajan, R. (2008), Efeito antioxidante e hepatoprotector das raízes de *Hibiscus esculentus* Linn. Departamento de Farmacognosia, 2(4): 200-203.

Ansari,W.H., Rahman,W., Barraclough,D., Maynard, R. e Scheinman, F.S. (1976) Chem. Soc.2 :1458.

Arteel, G.E. (2006), Oxidants and antioxidants in alcohol-induced liver disease. Gastroenterol. 124: 778-790.

Artizzu, N., Bonsignore, L., Cottiglia, F., Loy, G. (2007), Estudos sobre a atividade diurética e antimicrobiana do óleo essencial *de Cynodon dactylon*. Fitoterapia, 72 : 345356.

Aswatha Ram, H.N., Shreedhara, C.S., Falguni, P.G. e Sachin, B.Z. (2005), Potencial de eliminação de radicais livres in vitro do extrato metanólico de toda a planta de *Phyllanthus reticulates*, Poir. Pharmacologyonline, 2: 440-451.

Baburao, B., Rajyalakshmi, G., Venkateshwar Rao1, J. e Sarangapani, M. (2007), Free Radical Scavenging Activity of Some Isatin-5-Sulphonamide Derivatives. Pharmacologyonline, 1: 540-545

Balamurugan, G. e Muthusamy, P. (2008), Observação das actividades hepatoprotectoras e antioxidantes das raízes de *Trianthema decandra* Linn. (Vallai sharunnai) em ratos tratados com tetracloreto de carbono, Bangladesh J Pharmacol., 3: 83-89.

Bayfield, R.F. e Cole, E.R. (1980), Colorimetric estimation of vitamin A with trichloracetic acid, Methods of Enzymology, 67, 189-195.

Bhavar Girija, B., Bhalke Rasika, D., Lodha Ketan, R., Karmase Bhakti, C. e Londhe Chetan, G. (2009), Phytochemical investigation and invitro anthelmintic activity of Bauhinia racemosa linn (leguminaceae). Pharmacologyonline, 1: 300303.

Bisera Janeska, Marina Stefova e Kalina Alipieva (2009), Assay of flavonoid aglycones from the species of genus Sideritis (Lamiaceae) from Macedonia with HPLC-UV D. Bulgarian Academy of Sciences, 9:349-356.

Boon, E.M., Downs, A. e Marcey, D. (2007), Mecanismo proposto de Catalase em Catalase: H2O2: H2O2 Oxidoreductase. Texto do Tutorial Estrutural da Catalase, 23-45.

Bras H. de Oliveira , Tomoe Nakashimab, Jose D. de Souza Filhoc e Fabiano L. Frehsea (2007), Análise de flavonóides em Eupatorium littorale por HPLC. J. Braz. Chem. Soc., 12(2): 243-246.

Chandrashekhar, V.M., Muchandi Ashok, A., Sarasvathi V.Sudi e Muchandi, I.S. (2009), Free radical scavenging activity of Stereospermum suaveolens dc:an in- vitro evaluation. Pharmacologyonline, 1: 50-56.

Chaudhari, B. P., Chaware, V. J., Joshi, Y. R. e Biyani, K. R. (2009), Hepatoprotective activity of Hydroalcoholic extract of Momordica charantia Linn. leaves against Carbon tetra chloride induced Hepatopathy in Rats. Revista Internacional de Investigação Química, 2(1): 355-358.

Chelikani, P., Ramana, T. e Radhakrishnan, T. M. (2005), Catalase : A repertoire of unusual features, Ind. J. Clin. Biochem., 20(2): 131-135.

Chopra, R.N., Nayer, S.L. e Chopra, I.C. (2000), In Glossary of Indian Medicinal Plants, Direção de Publicação e Informação, CSIR, 88.

Craig ,W.J. (2008). Propriedades promotoras de saúde das ervas comuns. Am. J. Clin. Nutr., 70: 4915-95.

Crozier, A., Jensen, E., Lean, M. E. J. e McDonald, M. (2002), S. J. Chromatography A., 40: 1591.

Culling, F.A. (1979), Handbook of Histopathological and Histochemical Techniques, Third Edition, Butter worth and Co Publisher Ltd, New York, 115-117.

Daniel Rinaldo, Marcelo Aparecido Silva, Clenilson Martins Rodrigues, Tamara Regina Calvo, Miriam Sannomiya, Lourdes Campaner dos Santos, Wagner Vilegas e Helio Kushima (2007), Preparative separation of flavonoids from the medicinal plant Davilla elliptica St. Hill. by high-speed counter-current chromatography, Phytochem. Anal.,355, 14800-900.

Daswani, B.R. e Radha Yegnanarayan, (2002), Immunomodulatory Activity of Septilin, a Polyherbal Preparation. Phytotherapy Research: (16), 162-165.

David, M. e Richard, J.S. (1983), Glutathione Reductase, Methods Enzymol. Anal. 3, 258-265.

Dilip Kumar Pal (2009), Determinação de aminas biogénicas cerebrais em ratos tratados com Cynodon dactylon pers. e Cyperus rotundus. Revista internacional de ciências farmacêuticas e farmacêuticas, 6: 89-103.

Douglas Carl, Vollmer Guenter, Kretzschmar Georg e Panopoulos Nickolas (2007), Biotechnology of flavonoids and other phenylpropanoid-derived natural products. Parte I: Diversidade química, impactos na biologia vegetal e na saúde humana". Biotechnology Journal 2 (10): 1214.

Ebrahimzadeh, M.A., Nabavi, S.M., Nabavi, S.F. e Eslami, B. (2009), Antioxidant activity of aqueous extract of Pyrus boissieriana fruit. Pharmacologyonline, 1: 1318-1323.

Farkas, O., Jakus, J. e Heberger, K. (2007), Quantitative structure-antioxidant activity relationship of flavonoid compounds. Molecules, 9:1079-1088.

Fraschini, F., Demartini, G. e Esposti, D. (2002), Pharmacology of Silymarin. Clin Drug Inv., 22: 51-65.

Fulzele, S.V., Bhurchandi, P.M., Kanoje, V.M., Joshi, S.B. e Dorle, A.K. (2004), Immunostimulant activity of Asthmangal ghrita in rats. Indian J Pharmacol, 34:194-7.

Gabhe, S.Y., Tatke, P.A. e Khan, T.A. (2008), Avaliação da atividade imunomoduladora do extrato de metanol das raízes de Ficus benghalensis em ratos, Indian J. Pharmacol., 38(4): 271-275.

Ganapaty, S., Chandrashekhar, V.M., Chitme, H.R. e Lakshmi Narsu, M. (2007), Free radical scavenging activity of gossypin and nevedensin: An in-vitro evaluation. Indian J. Pharmacol, 39 (6): 281-283.

Ghaisas, M.M., Shaikh, S.A. e Deshpande, A.D. (2009), Avaliação da atividade imunomoduladora do extrato etanólico da casca do caule de Bauhinia *variegata* Linn. Evid Based Complement Alternat Med.,4(4): 419-423.

Green, L.C., Wagner, D.A., Glogowski, J., Skipper, P.L., Wishnok, J.S. e Tannenbaum, S.R. (1982), Analysis of nitrate and nitrite and (15N) nitrate in biological fluids, Anal biochem, 126, 131-136.

Guven, A. e Gulmez, M. (2004), O efeito do kefir nas actividades dos níveis de GSH-Px, GST, CAT, GSH e LPO em tecidos de ratinhos induzidos por tetracloreto de carbono. J Vet Med B Infect Dis Vet Public Health, 50:412-416.

Guyton, K. Z., Gorospe, M. e Holbrook, N. J.(2008), Oxidative Stress and the Molecular Biology of Antioxidant Defenses, Scandalios J. G., Cold Spring Harbor Laboratory Press, 10(4): 247-272.

Habig, W.H., Pabst, M.J e Jakoby, W.B. (1974), Glutathione transferase: A first enzymatic step in marcapturic acid formation, Journal of Biological Chemistry, 249, 7130-7139.

Halliwell, B. e Gutteridge, J.M.C. (2004), Lipid peroxidation, oxygen radicals, cell damage and antioxidant therapy. Lancet, 23: 1396-1397.

Hertog, M.G., Kromhout, D., Aravanis, C. (2007), Flavonoid intake and long-term risk of coronary heart disease and cancer in the seven countries study. Arch Intern Medicine, 155: 381-386.

Ilina N. Krasteva , Ivo S. Popov , Vessela I. Balabanova e Stefan D. Nikolov (2008), Phytochemical study of Gypsophila trichotoma wend. (Caryophyllaceae), Quim. Nova, 31(5): 1125-1126.

Ishizuka, M., Kawatsu, M., Yamashita, T., Ueno, M. e Takeuchi, T. (2006), Low molecular weight immunomodulators produced by microorganisms. Int J Immunopharmacol, 17: 133-9.

Jacob, R.A. (2005), Passive smoking induces oxidant damage preventable by vitamin C. Nutr. Rev., 58: 239-241.

Jayathirtha, M.G. e Mishra, S.H. (2004), Actividades imunomoduladoras preliminares de extractos de metanol de Eclipta alba e Centella asiatica, Phytomedicine, 11(4): 361-365.

Jing-Chung Chen, Jan-Ying Yeh, Pei-Chun Chen e Cheng-Kuang Hsu (2007), Phenolic Content and DPPH Radical Scavenging Activity of Yam-containing Surimi Gels Influenced by Salt and Heating, Asian Journal of Health and Information Sciences, 2 :1-11.

Jyoti, T.M., Prabhu, K., Lakshminarasu, S. e Ramachandra, S.S. (2008), Hepatoprotective and antioxidant activity of Euphorbia antiquorum. Revista Pharmacognosy, 4:127-133.

Kahkonen, M. P., Hopia, A. I., Vuorela, H. J., Raucha, J. P., Pihlaja, K. e Kujala, T. S, (2008), Antioxidant activity of plant extracts containing phenolic compounds. Jornal de Química Agrícola e Alimentar, 47, 3954-3962.

Kalaivani, T., Premkumar, N., Ramya, S., Siva, R., Vijayakumar, V., Meignanam, E., Rajasekaran, C.

e Jayakumararaj, R. (2009), Investigações sobre a atividade hepatoprotectora dos extractos de folhas de Aegle marmelos (L.) Corr. (Rutaceae), Folhetos Etnobotânicos, 13: 47-50.

Kanellaki, M., Proestos, C., Bakogiannis, A., Costas, P., Koutinas, A. A. e Komaitis, M. (2005), High performance liquid chromatography analysis of phenolic substances in Greek wines. Food Control, 16, 319-323.

Kesari, A.N., Gupta, R.K., Jaiswal, D. e Watal, G. (2008), Avaliação do potencial antidiabético do extrato de Cynodon dactylon em ratos diabéticos com estreptozotocina. J Ethnopharmacol, 114, 174-179.

Khlifi, S., El Hachimi, Y., Khalil, A., Es-Safi, N., Belahyan, A., Tellal, R. e El Abbouyi, A. (2007), Propriedades antioxidantes in vitro do extrato hidrometanólico de Salvia verbenaca L. Indian J. Pharmacol; 38 (4): 276-280.

Krishnaswamy,N.R. (1999), Chemistry of natural products, Universities Press, Índia, 197.

Kumaran, A. e Joel karunakaran, R. (2009), Componentes activos de eliminação de radicais de óxido nítrico de Phyllanthus emblica L. Avanços em Ciências Naturais e Aplicadas, 2(3): 249-254.

Lei Cai, Hua Wang, Qin Li, Yunfei Qian, e Wenbing Yao, (2008), Salidroside inibe a apoptose induzida por H2O2 em células PC12, prevenindo a libertação de citocromo c e inactivando a cascata de caspase. journal of medicinal food ., 11 (4):733-740.

Lisa Botes, Francois H. van der Westhuizen e Du Toit Loots, (2008), Phytochemical Contents and Antioxidant Capacities of Two Aloe greatheadii var. davyana Extracts. Molecules, 13: 2169-2180.

Liu, F. e Ng, T.B. (2008), Antioxidative and free radical scavenging activities of selected medicinal herbs. Ciências da Vida, 66: 725-735.

Lucia Rackova, Marek Oblozinsky, Daniela Kostalova, Viktor Kettmann e Lydia Bezakova (2007), atividade de eliminação de radicais livres e inibição da lipoxigenase do extrato de *Mahonia aquifolium* e dos alcalóides de isoquinolina. Journal of Inflammation, 15(4) : 1186-1476.

Luck, H. (1974), Estimation of catalase, methods in enzymatic analysis, Academic Press, New York, 885.

Luna, R.T., Morin, A.D., Jewell, D.,W.T e Tjeerdema, R.S. (2008), Characterization of cytosolic glutathione S-transferases in striped bass (*Morone saxitilis*), Ecotoxicology and Environmental Safety, 69, 58-63.

Lutsenco, E., Sharad, S. e Kapur, S. (2006), Free radicals and oxidative stress in neurodegenerative diseases : Relevance of dietary antioxidants, JIACM, 5 (3): 218-225.

Maciejewicz, W., Daniewski ,M., Bal, K. e Markowski, W. (2007), GC-MS Identification of the flavanoid aglycones isolated from propolis, Chromatographia *53:* 343-346.

Madani, H., Talebolhosseini, M., Asgary, S.e Naderi,G.H. (2008), Hepatoprotective Activity of *Silybum marianum* and *Cichorium intybus* Against Thioacetamide in Rat, Pakistan Journal of Nutrition, 7 (1): 172-176.

Mahakunakorn, P., Tohda, M., Murakami, Y., Matsumoto, K. e Watanabe, H. (2007), Antioxidant and free radical-scavenging activity of Choto-san and its related constituents. Biol. Pharmaceut Bull, 27: 38-46.

Majumder, U.K., Gupta, A.K., Ganguly, P. e Ghosal, S. (2008), Antioxidant and other beneficent effects of free and conjugated phytosteroids of *Solanum* and *Withania*. J. Indian Chem Soc., 85: 1227-1238.

Man-Fung, Y., Takanobu, K., Masashi, M., Annieon, C., John, C.H.Y. e He-Jun, Y. (2007), Clinical outcome and virologic profiles of severe hepatitis B exacerbation due to YMDD mutations. J. Hepatol, 39: 850-855.

Maniatis, T e Fritsch, E.F. (1982), Molecular cloning-A laboratory manual, Cold Spring harbour, 169-171.

Mansor Hakiman e Mahmood Maziah (2009), Actividades antioxidantes não enzimáticas e enzimáticas em extrato aquoso de diferentes acessos de Ficus deltoidea. Jornal de Nutrição do Paquistão, 6 (5): 468-471.

Marja, P.K., I.H. Anu, J.V. Heikki, R. Jussi-Pekka, P. Kalevi, S.K. Tytti e H. Marina, (2009), Antioxidant activity of plant extracts containing phenolic compounds. J. Agri. Food Chem., 47: 3945-3962.

Mayank Thakur, Shilpi Bhargava, e. Dixit, V. K., (2006), Immunomodulatory Activity of Chlorophytum borivilianum Sant. F. Ind J Exp Biol, 25(5):78-86.

Mead, M.N. e Block, K.I. (2009), Immune system effects of Echinacea, ginseng, and astragalus. Int Cancer Ther., 2: 247-67.

Meenatchisundaram, S., Parameswari, G., Subbraj, T., Suganya, T. e Michael, A. (2009), Medicinal and Pharmacological Activities of *Andrographis paniculata* - Review. Folhetos Etnobotânicos, 13: 55-58.

Mensor, L.L., Menezes, F.S., Leitae, G.C., Resi, A.S., Dossantos, T.C., Coube, C.S e Leitaos, G. (2001), Screening of Brasilian plant extract for antioxidant activity by the use of DPPH free radical method, Phytotherapy Research, 15, 127130.

Meydani, M. (2004), Vitamin E and prevention of heart disease in high risk patients, Nutr. Rev., 58: 278- 281.

Micha Tomczyk e Jan Gudej,(2006), Análise quantitativa de flavonóides nas flores e folhas de Ficaria verna Huds., 58.

Misra, H.P e Fridovich, I. (1972), The role of superoxide anino in the antioxidation of epinephrine and a simple assay for superoxide dismutase, Journal of Biological Chemistry, 247, 3170-3175.

Mohammad Ali Esmaeili, Ali Sonboli, Mohammad Reza Kanani e Heibatollah Sadeghi (2009), *Salvia sahendica* previne os danos nos tecidos induzidos pelo álcool em condições de stress oxidativo: Efeito nos parâmetros oxidativos do fígado e dos rins. Journal of Medicinal Plants Research, 3(4): 276-283.

Moni Rani Saha, Rumana Jahangir, Md. Mynol Islam Vhuiyan e Israt Jahan Biva (2008), In Vitro Nitric Oxide Scavenging Activity of Ethanol Leaf Extracts of Four Bangladeshi Medicinal Plants.S. J. Pharm. Sci., 1(1&2): 57-62.

Moron, M.S., Depierre, J.N. e Mannerisk, V.C. (1979), Levels of glutathione, glutathione reductase and glutathione S-transferase activities in rat lung and liver, Biochimica et Biophysica Ata, 582, 67-68.

Murray R.K., Granner, D.K. e Mayes, P.A. (1984), Davidson's principle and practice medicine. 20th Edn., Churchill livingstone press, UK, ISBN-10: 0-44310057-8.

Nabavi, S. M., Ebrahimzadeh, M. A., Nabavi, S. F. e Bahramian, F. (2009), Atividade antioxidante in vitro das bagas de Phytolacca americana. Pharmacologyonline, 1: 81-88.

Najafi, M., Nazemiyeh, H., Ghavimi, H., Gharakhani, A. e Garjani, A. (2008), Effects of hydroalcoholic extract of Cynodon dactylon (L.) pers. on ischemia/reperfusion-induced arrhythmias ,DARU, 16(4).

Nand K. Sah, Shyam Nandan.P Singh, Sudhir Sahdev, Sharmishta Banerji, Vidyanath jha, Zakir khan e Seyed E Hasnain,(2007), Indian herb 'Sanjeevani' *(Selaginella bryopteris)* can promote growth and protect against heat shock and apoptotic activities of ultra violet and oxidative stress.J. Biosci., 30(4) : 499-505.

Navangul, M.V., Kulkarni, A.A., Polshettiwar, S.A ., Kannur, D.M.,Ahmed, S., Reza, M.S. e Jabbar, A. (2006),Screening of Antimicrobial activity of *Cynodon Dactylon* extracts. Fitoterapia, 65: 463-464.

Nichans, S.W.J.J e Samuelson, B. (1968), Formation of malondialdehyde from phospholipids arachidonate during microsomal lipid peroxidation, European Journal of Biochemistry, 6, 126.

Nishant Kumar Gupta e Vinod Kumar Dixit (2009), Avaliação da atividade hepatoprotectora do extrato *de Cleome viscosa* Linn. Extract. Ciências Farmacêuticas, 41(1): 36-40.

Ogunlana, O.E. e Ogunlana,O.O. (2008,) Avaliação in vitro da atividade de eliminação de radicais livres de *Psidium guajava*. Jornal de Investigação de Agricultura e Ciências Biológicas, 4(6): 666-671.

Pal, D.K. e Dutta, S. (2006), Avaliação da atividade antioxidante das raízes e rizomas de *Cyperus rotundus* L. Indian Journal of Pharmaceutical Sciences, 68:256- 258.

Palanivel Muthu Gounder, Balasubramanian rajkapoor , Raju senthil kumar , John Wilking Einstein , Ekambaram Prem Kumar , Mani Rupesh Kumar , Kunchu Kavitha , Mohanraj Pradeep Kumar e Balasundaram Jayakar (2008), Hepatoprotective and Antioxidant Effect of *Pisonia aculeata* L. against CCl4- Induced Hepatic Damage in Rats. Sci Pharm.; 76: 203-215.

Patil, M.B., Jalalpure, S.S., Prakash, N.S. e Kokate ,C.K. (2008), Antiulcer properties of alcoholic extract of Cynodon dactylon in rats. Medicina Tradicional e Nutracêuticos, 6(3):56-71.

Pauline Guinot, Annick Gargadennec, Gilles Valette, Alain Fruchier e Claude Andary (2007), Primary Flavonoids in Marigold Dye: Extração, Estrutura e Envolvimento no Processo de Tingimento. Phytochem. Anal., 19: 46-51.

Prusti, A., Mishra, S.R., Sahoo, S. e Mishra, S.K. (2008), Antibacterial Activity of Some Indian Medicinal Plants. Ethnobotanical Leaflets, 12(8): 227-230.

Pryor, W.A. (2002), Vitamin E and heart disease: basic science to clinical intervention trials, Free Radic Biol Med., 28(1):141-64.

Ranjith, M. S., Ranjitsingh, A.J., Gokul Shankar, A.S., Vijayalaksmi,G. S., Deepa, K. e Singh Sidhu1,H. (2008), Enhanced Phagocytosis and Antibody Production by Tinospora cordifolia - A new dimension in Immunomodulation. Jornal Africano de Biotecnologia, 7 (2): 081-085.

Rice-Evans, C.A., Miller, N.J., Paganga, G. (1996), Relações estrutura-atividade antioxidante de flavonóides e ácidos fenólicos. Free Radic Biol Med.,20**:** 933956.

Roberfroid, M. e Calderon, P.B. (2008), Free radicals and oxidation phenomena in biological systems. Dekker, Nova Iorque, 81-263.

Roe, J.H. and Keuther, C.A. (1953), The determination of ascorbic acid whole blood and urine through 2, 4 - dinitrophenyl hydrazine derivative dehydroascorbic acid, J. Biol. Chem., 147: 399-407.

Rosenberg, H.R. (1992), Chemistry and physiology of the vitamins, Interscience Publisher, New York, 452-453.

Rotruck, J.T., Pope, A.L., Ganthar, H.E., Hafeman, D.G e Hockstraw, G. (1973), Selenium: Biochemical role as a component of glutathione peroxidase, Science, 179, 588-590.

Ruch, R.J., Cheng, S.J., e Klaunig, J.E. (1989), Carsinog., 10: 1003.

Sainani, G.S., Manika, J.S. e Sainani, R.G. (2004), Oxidative stress- a key fator in pathogenesis of chronic diseases, Med Update., 1:1-8.

Sajjadi,S.E. (2006), Analysis of the essential oils of two cultivated Basil (Ocimum basilicum) from Iran, 14(3) : 128-130.

Saleh I Alqasoumi, e Mohammad S. Al-Dosari (2009), Evalution of the Hepatoprotective Effect of Fumaria parviflora and Momordica balsamina from Saudi Folk Medicine Against Experimentally Induced Liver Injury in rats, Research Journal of Medicinal Plant, 3(1):9-15.

Saller, R., Meier, R. e Brignoli, R. (2006), The use of silymarin in the treatment of liver diseases. Drogas, 61 : 2035-63.

Sambath Kumar, R., Sivakumar, P. e Nethaji. (2005), Hepatoprotective and invivo Antioxidants Effects of Careya arborea against Carbon tetrachloride Induced Liver Damage in Rats, International Journal of Molecular Medicine and Advance Sciences, 1 (4) : 418 - 424.

Samudram, P., Rajeshwari Hari, Vasuki, R., Geetha, A. e Sathiya moorthi, P. (2008), Hepatoprotective activity of Bi - herbal ethanolic extract on CCl4 induced hepatic damage in rats, African Journal of Biochemistry Research.,.2 (2): 061065.

Sanmugopriya, E. e Venkataraman, S. (2006), Estudos sobre as acções hepatoprotectoras e antioxidantes das sementes de Strychnos potatorum Linn. Seeds on CCl4-induced acute hepatic injury in experimental rats. J. Ethnopharmacol, 105(5):154-160.

Santosh Kumar Singh, Prashant Kumar Rai, Dolly Jaiswal, Devendra K. Rai, Bechan Sharma e Geeta Watal (2008), Protective effect of Cynodon dactylon against STZ induced hepatic injury in rats. J. Ecophysiol. Occup. Hlth., 8: 195199.

Scott, M.D., Lubin, B.H., Zuo, L. e Kuypers, F.A. (2006), Erythrocyte defense against hydrogen peroxide: Preeminent importance of Catalase. J Lab Clin Med ., 16(7):118-23.

Sharma, Y.R. (2006), Glutationa S- transferase através da regulação da concentração intracelular de 4-HNE, J. Bioener. Biomemb., 34: 135-139.

Singh, S.K., Rai, P.K., Jaiswal D. e Watal, G. (2007), Evidence based critical evaluation of glycemic potential of Cynodon dactylon. Evid Based Complement and Alt Med.,10:1093- 044.

Sinha, M., Manna, P. e Sil, P.C. (2007), O extrato aquoso da casca de Terminalia arjuna desempenha um papel protetor contra o stress oxidativo hepático e renal induzido pelo fluoreto de sódio. J Nat Med., 61: 251-260.

Sofowora, A. (2006), Medicinal plants and Traditional Medicine in Africa (Plantas medicinais e medicina tradicional em África). Spectrum Books, Ibadan, 150-65.

Souri, E., Amin, G., Farsam, H. e Andaji, S. (2005), The antioxidant activity of some commonly used vegetables in Iranian diet. Fitoterapia.,75 (3): 585-588.

Sudheerkumar, M., Jagadish, P.C., Sridhar, R.B., Kiran, B.S. e Unnikrishnan, M.K. (2006), Avaliação in vitro das propriedades antioxidantes de Cocus nucifera Linn. Nahrung Food; 47:126-131.

Surendra, V., Prakash, T., Uday Raj Sharma, Divakar Goli, Snehal Dayalal Fadadu e Kotresha, D. (2008), Hepatoprotective Activity of Aerial Parts of Cynodon dactylon against CCl4-induced in Rats. Revista Pharmacognosy, 4(16): 1973-296.

Sutharson Lingadurai, Prasanna Kumar Kar, Lila Kant Nath, Shila.E.Besra e Rajan Veda Siromoni Joseph (2007), Khandelwal KR. Practical Pharmacognosy. Nirali Prakashan, Pune: 149.

Sutharson (2009), atividade de eliminação de radicais livres das folhas de Bischofia javanica blume e Fraxinus floribunda wallich. Pharmacologyonline, 1: 1324-1332.

Syed Mansoor Ahamed, Jayaveera, K.N. e Venketeshwara Rao, J. (2008), Hepatoprotective and Antioxidant Activities of Feronia limonia (leaves), Pharmacologyonline, 3: 992-1005.

Szymonik-Lesiuk, S., Czechowska, G., Stryjecka-Zimmer, M., Slomka, M., Madro, A., Celinski, K. e Wielosz, M. (2003),Actividades da catalase, superóxido dismutase e glutationa peroxidase em vários tecidos de ratos após intoxicação por tetracloreto de carbono. J Hepatobiliary Pancreat Surg, **10:**309-315.

Tao, L., Wang, Z.T., Zhu, E.Y., Lu, Y.H. e Wei, D.Z. (2008), HPLC analysis of bioactive flavonoids from the rhizome of Alpinia officinarum, South African Journal of Botany, 72: 163 - 166.

Tapas, A.R., Sakarkarl, D.M. e Kakde, R.B. (2008), Flavonoids as Nutraceuticals: A Review. Tropical Journal of Pharmaceutical Research, 7 (3): 1089-1099.

Tenpe, C. R., Upaganlawar Aman, Burle Sushil, Yeole, P. G. (2009), atividade antioxidante in vitro e hepatoprotectora preliminar dos extractos de folhas de oroxylum indicum vent. Pharmacologyonline, 1: 35-43.

Thakur, S.K. (2007), Silymarin- Um agente hepatoprotector. Gastroenterol Today, 6:8-82.

Thirupathi, K., Krishna, D.R., Ravi Kumar, B., Apparao, A.V.N. e Krishna G.Mohan (2009), Hepatoprotective effect of leaves of Balanites roxburghii against carbon tetrachloride-induced hepatic damage in rats. Farmacognosia e Centro de Etnofarmacologia, 3 (2): 219-224.

Tiwari , U., Bhawna Rastogi, Paramjit Singh, Dinesh, K. S. e Suresh, P. V. (2007), Immunomodulatory effects of aqueous extract of Tridax procumbens in experimental animals. Journal of Ethnopharmacology, 92(1) :113-119.

Tokusoglu,M., K.Unal, and Yildirim, Z. (2009), HPLC-UV and GC-MS characterization of the flavonol aglycons quercetin, kaempferol, and myricetin in tomato pastes and other tomato-based products , ACTA Chromatographica.,13.

Vaishwanar, I., Kowale, C.N. (2004), Effect of two ayurvedic drugs Shilajeet and Eclinol on changes in liver and serum lipids produced by carbon tetrachloride. Ind J Exp Biol, 14: 58-61.

VanBakl, M.M.E., Pritzen, G., Wermuth, B. e Weisman, U.N. (2006), Antioxidant and thyroid hormone status in selenium-deficient phenyl ketonuric and hyperphenyl alaninemic patienys. Am. J. Clin. Nutr., 976-981.

Vesna, T. Tumbas, Anamarija I. Mandic, Gordana S. Cetkovic, Sonja M. Dilas e Jasna M. Canadanovic Brunet (2004), HPLC analysis of phenolic acids in mountain germander (Teucrium montanum L.) extracts, BIBLID.,1450-7188:35, 265-273.

Vessal, M., Hemmati, M. e Vasei, M. (2007), Antidiabetic effects of querceitin in streptozocin induced diabetic rats. Comp Biochem Physiol ., 5(1):135-357

Wu e Silva e Jerald, E. (2005), Antioxidants and plants, Ind Pharmacist, 12: 32-36.

Xin Zhou, Jinyong Peng, Guorong Fan e Yutian Wu, (2007), Isolamento e purificação de glicosídeos flavonóides de Trollius ledebouri utilizando cromatografia em contracorrente de alta velocidade, aumentando gradualmente o caudal da fase móvel. Journal of Chromatography A., 10(9): 2216-221.

APÊNDICE-I

ESTIMATIVA DE PROTEÍNAS

(Shakir et al., 1994, Modificação do método de Lowry)

Princípio

Este método baseia-se no princípio de que diferentes proteínas contêm diferentes quantidades de resíduos de aminoácidos, que reagem com o reagente de Folin-Ciocalteau dando uma cor azul, que é lida num espetrofotómetro a 750 nm.

Reagentes

1. Sulfato de cobre alcalino

2% de Na2CO3 em NaOH 0,1 N

2% Tartarato de sódio e potássio-1 ml

2% Sulfato de cobre-1 ml

2. Reagente de Folin-Ciocalteau em stock

O reagente Folin-Ciocalteau 2N foi diluído com água (1:1 v/v)

3. Solução padrão de proteínas

BSA padrão contendo 20 mg/100 ml de NaCl a 0,9%

Procedimento

Para uma série de tubos de ensaio limpos e secos, pipetar 0,2 a 10 ml de solução padrão de BSA, correspondente a 40 a 200 μg de proteína. Completar o volume para 1,9 ml com NaOH 0,1N. Adicionar 1,0 ml de solução alcalina de sulfato de cobre, misturar bem e incubar durante 3 minutos a 37°C. Em seguida, adicionar 0,5 ml de solução alcalina de sulfato de cobre, misturar bem e incubar durante 3 minutos a 37°C. A densidade ótica foi lida a 750 nm num espetrofotómetro.

APÊNDICE - II

DETERMINAÇÃO DA INIBIÇÃO DA PRODUÇÃO DE ÓXIDO NÍTRICO

(Green e Wagner, 1982)

Uma solução aquosa de nitroprussiato de sódio gera espontaneamente óxido nítrico (NO) a um pH fisiológico, que interage com o oxigénio para produzir ião nitrito, que é medido colorimetricamente.

Reagentes

1. Solução salina tamponada com fosfato 7,2pH.
2. Nitroprussiato de sódio (100 mM)
3. Reagente de Griess (1% de sulfanilamida, 2% de H3 {P4 , 0,01% de dicloridrato de naftalina etilenodiamina)

Procedimento

Três ml de mistura de reação contendo nitroptussiato de sódio em PBA e extrato foram incubados a

25° C durante 150 minutos. Os controlos foram mantidos sem composto de ensaio de forma idêntica. Após a incubação, adicionou-se 0,5 ml de reagente de Griess. A absorvância do cromóforo formado foi lida a 546nm.

A percentagem de inibição da produção de óxido nítrico foi medida comparando os valores de absorvância do controlo com os dos compostos testados.

APÊNDICE - III
ENSAIO DPPH
(Mensor et al., 2001)

Princípio

A atividade antioxidante da fração proteica depende da sua capacidade de diminuir o radical livre estável (DPPH).

Reagentes

1. Metanol-50 ml
2. DPPH (radical difenil-2-picril hidrazil)-1mM **Procedimento**
3. ml de DPPH 1mM em metanol foram adicionados a 100μl de PBS contendo 10-lOOp.g da fração proteica.

A solução de DPPH com metanol foi utilizada como controlo positivo e o metanol actuou como controlo. Quando o DPPH reage com o antioxidante, a amostra de DPPH é reduzida e a cor muda de violeta profundo para amarelo claro. Este fenómeno foi medido a 518 nm. A percentagem de atividade antioxidante foi calculada pela seguinte fórmula.

$$\text{Scavenging activity (\%)} = \frac{\text{A518 (control)-A518 (sample)}}{\text{A518 (control)}} \text{ X } 100$$

APÊNDICE-IV
ensaio de absorção de peróxido de hidrogénio
(ruch et al., 1989)

A capacidade do extrato da planta para eliminar H2O2 foi determinada de acordo com o método de Ruch et al., (1989). Foi preparada uma solução de H2O2 (4 mM) em tampão fosfato (pH 7,4). A concentração de H2O2 foi determinada espectrofotometricamente a partir da sua absorção a 230nm após 10min contra uma solução em branco contendo tampão fosfato sem H2O2.

A atividade de eliminação de H2O2 pelo extrato da planta e pelos compostos padrão foi calculada utilizando a fórmula

$$\%\text{Scavenging } H_2O_2 = \frac{A_o - A_1}{A_o} \times 100$$

Ao = Absorvância do controlo

A1 = Absorvância em presença da amostra de extrato vegetal e dos padrões.

APÊNDICE V
ELECTROFORESE EM GEL DE AGAROSE
(Maniatis e Fritsch, 1982)

Princípio

A agarose forma um gel por ligação de hidrogénio e o tamanho dos poros do gel depende da concentração de agarose. As moléculas de ADN são separadas por eletroforese com base no seu tamanho, na sua forma e na magnitude da carga líquida das moléculas.

Reagentes

1. Tampão TAE 50X (pH 8,0) - (242g de base Tris, 57,1ml de ácido acético glacial, 0,5M de 37,2g de EDTA e 1000ml de água destilada).
2. Corante de carregamento do gel - (0,25% de azul de bromofenol, 0,25% de cianol de xileno, 50% de glicerol).
3. Agarose a 1% em tampão TAE IX
4. 10 mg/ml Bormeto de etídio
5. Tampão Tris 50 mM (pH 7,4)
6. 3pg ADN lambda
7. 30% H2O2
8. 500pM Cloreto férrico

Procedimento

Preparar 100 ml de tampão electroforético IX a partir de uma reserva de 50X. 0,3 g de agarose foi suspenso em 30 ml de tampão electroforético e aquecido no micro-ondas até se dissolver. Deixou-se arrefecer até cerca de 60° C e colocou-se o pente. O gel solidificado foi então colocado numa cuba electroforética horizontal.

A mistura de ensaio foi preparada adicionando 5µl de tampão Tris, 5 µl de fração proteica, 3µg de ADN lambda, 10µl de H2O2 e 10µl de solução de cloreto férrico. Incubar o conteúdo à temperatura ambiente durante 30 minutos. A mistura de ensaio foi misturada com 5 µl do corante de carga e carregada nos poços. A eletroforese foi efectuada a 100 V durante 15 minutos. O padrão de bandas foi então visualizado e fotografado utilizando o sistema de documentação digital em gel Alpha Digidoc.

APÊNDICE-VI

ESTIMAÇÃO DA ASPARTATO TRANSAMINASE (AST)

(Método do kit de Murray, 1984)

Princípio

A aspartato aminotransferase (AST), anteriormente denominada glutamato oxaloacetato (GOT), catalisa a transferência reversível de um grupo amino do aspartato para o a - ceto glutarato, formando glutamato e oxaloacetato.

O oxaloacetato produzido é reduzido a malato pela malato desidrogenase (MDH) e pelo NADH.

$$\text{L- Aspartate} + \alpha\text{ - Keto glutarate} \xrightarrow{AST} \text{Glutamate} + \text{Oxaloacetate}$$

$$\text{Oxaloacetate} + \text{NADH} + H^+ \xrightarrow{MDH} \text{Malate} + \text{NAD}^+$$

A taxa de diminuição da concentração de NADH, medida fotometricamente, é α da concentração catalítica de AST presente na amostra.

Reagentes :

(R1) tampão

TRIS (PH 7,8) 80m mol/L, LDH, 800 U/L, MDH 600 U/L, L - Aspartato 200m mol/L.

(R2) Substrato

NADH 0,8m mol/L, α - Ceto glutarato 12m mol/L.

Reagente de trabalho

Mistura de 9 volumes (R1) de tampão + 1 volume (R2) de substrato.

Procedimento :

A 1,0 ml de reagente de trabalho, adicionou-se 0,1 ml de amostra de soro, misturou-se e incubou-se, registando-se igualmente as absorvâncias da amostra em intervalos de 1 minuto, durante 3 minutos, a 340 nm.

APÊNDICE-VII

ESTIMAÇÃO DA ALANINA TRANSAMINASE (ALT)

(Método do kit de Murray, 1984)

Princípio

A alanina aminotransferase (ALT) ou a transaminase glutamato-piruvato (GPT) catalisa a transferência reversível de um grupo amino da alanina para um oc-ceto glutarato, formando glutamato e piruvato.

O piruvato produzido é reduzido a lactato pela lacato desidrogenase (LDH) e pelo NADH.

$$\text{L.-Alanine} + \alpha\text{-Keto glutarate} \xrightarrow{\text{ALT}} \text{Glutamate} + \text{pyruvate}$$

$$\text{Pyruvate} + \text{NADH} + \text{H}^- \xrightarrow{\text{LDH}} \text{Lactate} + \text{NAD}^+$$

A taxa de diminuição da concentração de NADH medida fotometricamente é proporcional à concentração catalítica de ALT presente na amostra.

Reagentes:

(R1) tampão

TRIS (pH 7,8) 100m mol/L Lactato desidrogenase (LDH) 1200 U/L,L - Alanina 500m mol/L.

(R2) substrato

NADH 0,18m mol/L α - Ceto glutarato 15m mol/L.

Reagente de trabalho

Mistura de 9 volumes (R1) de tampão + 1 volume (R2) de substrato.

Procedimento:

Para 1,0 ml de reagente de trabalho, registou-se 0,1 ml de amostra de soro e registaram-se as absorvâncias da amostra com um intervalo de 1 minuto e, em seguida, durante 3 minutos a 340 nm.

APÊNDICE-VIII

ENSAIO DA CATALASE

(Luck, 1974)

Princípio

A absorção de luz UV da solução de peróxido de hidrogénio pode ser medida entre 230 e 250 nm. Durante a decomposição do peróxido de hidrogénio pela catalase, a absorção diminui com o tempo. A atividade enzimática pode ser determinada a partir desta diminuição. No entanto, este método só é aplicável a soluções enzimáticas que não absorvem fortemente a 230-250 nm.

Reagentes

1. Tampão fosfato 0,067 M (pH 7,0): Dissolver 3,522 g de KH2PO4 e 7,268 g de K2HPO4.2H2O em água destilada e completar o volume até 1 litro.
2. Peróxido de hidrogénio - tampão fosfato: Dissolver 0,16 ml de H2O2 (10% p/v) em 100 ml de tampão fosfato, preparado de fresco. A absorvância da solução deve ser de cerca de 0,5 a 240 nm com um trajeto de luz de 1 cm.

Procedimento

Pipetar 3,0 ml de tampão fosfato H2O2 para a cuvete experimental. Misturar com 0,01 - 0,04 ml de amostra com uma vareta de vidro achatada numa das extremidades. Anotar o tempo necessário para a diminuição da absorvância de 0,45 para 0,4 a 240 nm. Este valor foi utilizado para o cálculo. Se At for superior a 60 segundos, repetir as medições com uma solução mais concentrada da amostra. A atividade foi calculada e expressa em unidades por mg de proteína. Uma unidade de enzima foi calculada como a quantidade de enzima necessária para diminuir a absorvância a 240 nm em 0,05 unidades.

APÊNDICE-IX
ESTUDO DA DISMUTASE DE SUPERÓXIDOS
(Misra e Fridovich, 1972)

Princípio

A superóxido dismutase (SOD) utiliza a redução fitoquímica da riboflavina como sistema gerador de oxigénio e catalisa a inibição da redução do azul de nitro tetrazólio (NBT), cuja extensão pode ser avaliada espectrofotometricamente.

Reagentes

1. Tampão de fosfato de potássio 50 mM
2. 45μM Metionina
3. 5,3μM Riboflavina
4. 84μM NBT
5. Cianeto de potássio 20 mM

Procedimento

O meio de incubação continha um volume final de 3 ml, tampão de fosfato de potássio 50mM, metionina 45μM, riboflavina 5,3μM, NBT 84μM e cianeto de potássio 20mM. Os tubos foram colocados numa caixa revestida de folha de alumínio mantida a 25°C e equipada com lâmpadas fluorescentes de 15W. A redução do NBT foi medida espectrofotometricamente a 600nm após exposição à luz durante 10 minutos. A redução máxima foi avaliada na ausência de uma quantidade de SOD que inibisse em 50% a redução do NBT.

ANEXO-X

ENSAIO DA GLUTATIÃO PEROXIDASE

(Rotruck et al., 1973)

Princípio

Uma quantidade conhecida de preparação enzimática foi utilizada para reagir com peróxido de hidrogénio na presença de GSH durante um período de tempo especificado. Em seguida, a GSH remanescente foi medida pelo método de Ellman.

2GSH + H2O2 GSSG +2 H2O2

Reagentes

1. Tampão Tris 0,4M
2. Azida de sódio 10 mM
3. TCA A 10%
4. 0,4 mM EDTA Se-GPx
5. 10mM H2O2
6. Glutatião 2mM

Procedimento

A 2 ml de tampão Tris, foram adicionados 0,2 ml de EDTA, 0,1 ml de azida de sódio e 0,5 ml de extrato enzimático. Adicionou-se 0,2 ml de glutatião seguido de 0,1 ml de H2O2 à mistura, misturou-se bem e incubou-se a 37°C durante 10 minutos, juntamente com um tubo contendo todos os reagentes, exceto a amostra. Após 10 minutos, a reação foi interrompida com a adição de 0,5 ml de TCA a 10%, centrifugada e o sobrenadante foi testado quanto à presença de glutatião pelo método de Ellman. As actividades são expressas em gg GSH consumido/min/mg de proteína.

APÊNDICE-XI

ANÁLISE DA GLUTATIONE REDUCTASE

(David e Richard, 1983)

Princípio

A glutatião redutase catalisa a conversão de glutatião oxidado em glutatião reduzido, utilizando NADPH como substrato. A quantidade de NADPH utilizada é uma medida direta da atividade da enzima.

Reagentes

1. Tampão fosfato 0,12M, pH 7,2
2. EDTA 15 mM
3. Azida de sódio 10 mM
4. 6,3 mM de glutatião oxidado
5. 9,6 mM NADPH

Procedimento

Foi preparado um extrato aquoso a 20% em tampão fosfato 0,12M (pH 7,2)

como fonte de enzima. O sistema de ensaio continha 1 ml de tampão de fosfato de potássio 0,12M, 0,1 ml de EDTA 15mM, 0,1 ml de azida de sódio 10mM, 0,1 ml de glutatião oxidado 6,3mM e 0,1 ml de fonte de enzima e água num volume final de 2 ml. Manter durante 3 minutos. Em seguida, adicionou-se 0,1 ml de NADPH. A absorvância a 340 nm foi registada a um intervalo de 15 segundos durante 2 a 3 minutos. Para cada série de medições, foram efectuados controlos que continham água em vez de glutatião oxidado. A atividade enzimática foi expressa em mili moles de NADPH oxidado/minuto/g de amostra.

APÊNDICE-XII
ESTUDO DA GLUTATIONA S-TRANSFERASE
(Habig et al., 1974)

Princípio

A enzima foi avaliada pela sua atividade de conjugação de GSH e CDNB, sendo que a extensão da conjugação provoca uma alteração proporcional na absorção a 340 nm.

Reagentes

1. 1mM 1-Cloro-2,4-dinitrobenzeno (CDNB) em etanol
2. 1mM Glutatião reduzido (GSH)
3. Tampão fosfato 0,1M (pH 6,5)

Procedimento

O ensaio foi efectuado a 25°C em condições que proporcionam actividades lineares em relação aos tempos de incubação e à concentração de proteínas durante pelo menos 3 minutos. A atividade enzimática foi determinada pela monitorização da alteração da absorvância a 340 nm num espetrofotómetro. 0,1 ml de ambos os substratos (GSH e CDNB) foram colocados em tampão fosfato 0,1M (pH 6,5) à temperatura ambiente para perfazer um volume de 2,9 ml.

A reação foi iniciada pela adição de 0,1 ml de homogenato de fatias de fígado à mistura de reação. As leituras foram registadas em relação a um branco de água destilada durante um mínimo de 3 minutos. A mistura de ensaio completa sem a enzima (homogenato de fígado) serviu de controlo para monitorizar a ligação não específica do substrato. Teve-se o cuidado de assegurar que a concentração final de etanol na mistura fosse sempre inferior a 4%.

Cálculo

A atividade da glutationa S-transferase (GST) foi calculada utilizando o coeficiente de extinção do produto formado (9,6 mM cm) e os valores foram expressos como média ± DP de nanomoles de CDNB conjugado/min/g de tecido hepático.

APÊNDICE-XIII
ESTIMATIVA DA VITAMINA C
(Roe e Keuther, 1953)

Princípio

O ascorbato é convertido em desidroascorbato por tratamento com carvão ativado ou bromo. O ácido desidroascórbico reage com 2,4 - dintrofenil hidrazina (DNPH) para formar osazonas, que se dissolvem em ácido sulfúrico para dar uma solução de cor laranja cuja absorvância pode ser medida espectrofotometricamente a 540 nm.

Reagentes 1. 4% TCA 2. 9N H_2SO_4

3. 2% de 2, 4 - dintrofenil hidrazina (DNPH) - Dissolver 2 g de DNPH em 100 ml de H_2SO_4 9 N
4. 10% de tioureia
5. 85% H_2SO_4
6. Solução-mãe padrão: Dissolver 100 mg de ácido ascórbico em 100 ml de TCA a 4%
7. Padrão de trabalho: Diluir 10 ml da solução-mãe para 100 ml com TCA a 4%.

Pipetou-se o padrão de trabalho de 0,2 a 1,0 ml contendo 20 -100 µg de ascorbato, respetivamente, para tubos de ensaio limpos e secos, cujos volumes foram também completados para 2,0 ml com TCA a 4%. Foi adicionado a todos os tubos o reagente DNPH com um volume de 0,5 ml, seguido de 2 gotas de tioureia a 10%. Os tubos foram incubados a 37°C durante 3 horas. As osazonas formadas foram dissolvidas em 2,5 ml de H_2SO_4 a 85%, a frio, gota a gota, sem aumento apreciável da temperatura. Ao branco isolado, adicionou-se o reagente DNPH e a tioureia após adição de ácido sulfúrico. Após incubação durante 30 minutos à temperatura ambiente, a absorvância foi lida espectrofotometricamente a 540 nm. O teor de ácido ascórbico foi calculado na amostra de fígado utilizando o gráfico padrão

APÊNDICE-XIV

ESTIMAÇÃO DA VITAMINA A (Bayfield e Cole, 1994) Princípio

A cor produzida pela vitamina A, o seu acetato ou palmitato com TCA é proporcional à sua concentração, que é medida a 620 nm num espetrofotómetro.

Reagentes

Todos os reagentes foram preparados frescos. Evitou-se sempre a exposição da amostra e dos reagentes à luz.

1. TCA saturado em clorofórmio Dissolveram-se 15 g de cristais claros de TCA em 25 ml de clorofórmio sem álcool, armazenados ao abrigo da luz.
2. Vitamina A padrão 15 mg de vitamina A palmitato/10 ml de clorofórmio. **Procedimento**

Pipetaram-se alíquotas do padrão para uma série de tubos de ensaio límpidos e secos, na gama de concentrações de 0-7,5µg. Os volumes em todos os tubos foram completados até 0,1 ml com clorofórmio. Com uma pipeta de débito rápido, adicionar rapidamente 2 ml de reagente TCA, misturando com o conteúdo do tubo. Registar imediatamente a absorvância a 620 nm num espetrofotómetro. O procedimento foi repetido para os tubos de amostra. Construir um gráfico padrão e ler a concentração na amostra Os níveis de vitamina A foram expressos em µg/g de tecido.

APÊNDICE-XV

ESTIMAÇÃO DA VITAMINA E

(método Emmeric - Engel, 1938, descrito por Rosenberg, 1992)

Princípio

O tocoferol pode ser estimado através da reação de Emmeric-Engel, que se baseia na redução dos iões férricos pelo tocoferol, o qual forma uma cor vermelha com o 2, 2' - dipiridilo. O tocoferol e os carotenos são extraídos com xileno e a extração é lida a 460 nm para medir os carotenos. Para a determinação dos carotenos, procede-se a uma correlação com a adição de cloreto férrico e a leitura a 520 nm.

Reagentes

1. Álcool absoluto
2. Xileno
3. 2, 2' - dipiridilo: Dissolver 1,2 g de 2, 2' - dipiridilo em 1 l n - propanol
4. Solução de FeCl3: Dissolver 1,2 g de FeCl3.6H2O em 1 l de etanol. Conservar no frasco castanho 5. Solução padrão: Dissolver 1 g/l de α - tocoferol em álcool absoluto. 91 mg de α - tocoferol equivalem a 100 mg de acetato de tocoferol.

Procedimento

Pipetar 1,5 ml de extrato, 1,5 ml de padrão e 1,5 ml de água, respetivamente, para 3 tubos de centrifugação com rolha (teste, padrão e branco). Ao teste e ao branco, adicionar 1,5 ml de etanol e ao padrão, adicionar 1,5 ml de água. A todos os tubos, adicionar 1,5 ml de xileno, tapar, misturar bem e centrifugar. Transferiu-se um ml da camada de xileno para outro tubo com rolha, tendo o cuidado de não incluir qualquer outro etanol ou proteína. A cada tubo, adicionou-se 1,0 ml de reagente 2, 2' - dipiridil, tapou-se e misturou-se. Pipetar 1,5 ml da mistura para as cuvetes e ler a extinção do teste e do padrão em relação ao branco a 460 nm. De seguida, começando pelo branco, adicionam-se 0,33 ml de solução de cloreto férrico. A quantidade de vitamina E pode ser calculada através da fórmula Quantidade de tocoferol = leitura a 520 nm - leitura a 460 nm

Leitura do padrão a 520 nm x 0,29 x 15

APÊNDICE-XVI
ESTIMAÇÃO DA GLUTATIONE REDUZIDA
(Moron et al.**, 1979)**

Princípio

O glutatião reduzido é medido através da sua reação com DTNB (ácido 5,5'-ditio-2-nitrobenzóico) (reação de Ellman) para dar origem a um composto que absorve a 412 nm. **Reagentes**

1. 5% TCA
2. Tampão de fosfato de sódio 0,2M (pH 8,0) **Procedimento**

1g da amostra foi homogeneizada em 5%TCA para obter 20% de homogenato. A proteína precipitada foi centrifugada a 1000rpm durante 10 minutos. O homogenato foi arrefecido em gelo e foram retirados 0,1 ml do sobrenadante para a estimativa. O volume da alíquota foi completado até 1,0 ml com tampão fosfato de sódio 0,2M (pH 8,0), foram adicionados aos tubos 2 ml de solução de DTNB recentemente preparada (0,6mM em tampão fosfato 0,2M - pH 8,0) e a intensidade da cor amarela formada foi lida a 412nm num espetrofotómetro após 10 minutos. Foi preparada uma curva padrão de glutatião reduzido utilizando concentrações de 2 a 10 nanomoles de glutatião reduzido em TCA a 5%.

APÊNDICE-XVII
ESTIMAÇÃO DOS PERÓXIDOS LÍPIDOS (SUBSTÂNCIAS REACTIVAS DO ÁCIDO TIOBARBITÚRICO - TBARS) (Nichans & Samuelson, 1968)

Princípio

Neste método, o malondialdeído e outras substâncias reactivas ao ácido tiobarbitúrico (TBARS) foram medidos pela sua reatividade com o TBA em condições ácidas, gerando um cromóforo de cor rosa que foi lido a 535 nm.

Reagentes

1. TCA (15 %)
2. HCl (0,25 N)
3. TBA (0,38% em p / v em água destilada)
4. As soluções de TBA - TCA - HCl foram misturadas de fresco na proporção de 1:1:1 **Procedimento**

O homogenato de tecido foi preparado em tampão Tris HCl (PH 7,4). 1 ml de homogenato de tecido foi tratado com 2 ml de solução de TBA - TCA - HCl e bem misturado. A mistura foi mantida num banho de água a ferver durante 15 minutos. Após arrefecimento, os tubos foram centrifugados durante 10 minutos e o sobrenadante foi recolhido para medição. A absorvância do cromóforo foi lida a 535 nm contra o branco do reagente. A quantidade de TBARS foi calculada utilizando o coeficiente de extinção 1,56 x10 5 m-1 cm -l. Os resultados foram expressos como nM de MDA / mg de proteína.

APÊNDICE-XVIII
TÉCNICA HISTOPATOLÓGICA
(Culling, 1979)

No final do período de tratamento, os diferentes órgãos do extrato normal, do extrato mais as células tratadas com CCl4 e dos ratos tratados com células CCl4 foram removidos e foram realizados estudos histopatológicos para revelar o efeito de eliminação de radicais livres do FFCd das plantas medicinais selecionadas:

As peças da autópsia foram

1) Conservar em solução de formalina a 10 por cento durante pelo menos uma hora.
2) Desidratado por 3 mudanças de acetona (cada 500ml).
3) Limpo da acetona com 3 mudanças de xileno (cada 500 ml) durante cerca de 3 horas.
4) Incubado em cera de parafina-2 muda durante 3-4 horas numa incubadora a 58 - 60° C.
5) Após incubação em parafina, os tecidos foram incluídos em cera de parafina.
6) Corte dos pedaços incorporados para obter secções (as secções tinham 1 - 3μm de espessura)
7) Foram feitas secções na lâmina de vidro.
8) As secções em lâminas de vidro foram limpas da cera por imersão em xileno.
9) As secções foram reagidas histoquimicamente com coloração de hematoxilina e eosina para avaliar a morfologia e a composição celular.

MIX
Papier aus verantwortungsvollen Quellen
Paper from responsible sources
FSC® C105338

Printed by Books on Demand GmbH, Norderstedt / Germany